古建筑工艺系列丛书

古建筑电气装置与火灾预防

蔡裕康　宋金海　编著

中国建筑工业出版社

图书在版编目（CIP）数据

古建筑电气装置与火灾预防/蔡裕康，宋金海编著．—北京：中国建筑工业出版社，2004
（古建筑工艺系列丛书）
ISBN 7-112-06290-X

Ⅰ．古… Ⅱ．①蔡…②宋… Ⅲ．古建筑-电气装置-防火 Ⅳ．TU85

中国版本图书馆CIP数据核字（2004）第027927号

责任编辑：胡明安　姚荣华
责任设计：孙　梅
责任校对：王金珠

古建筑工艺系列丛书
古建筑电气装置与火灾预防
蔡裕康　宋金海　编著
*
中国建筑工业出版社出版、发行（北京西郊百万庄）
新　华　书　店　经　销
北京建筑工业印刷厂印刷
*
开本：850×1168毫米　1/32　印张：$4\frac{1}{8}$　字数：108千字
2004年6月第一版　2006年5月第二次印刷
印数：3,001—4,500册　定价：**11.00**元
ISBN 7-112-06290-X
TU·5549（12304）

版权所有　翻印必究
如有印装质量问题，可寄本社退换
（邮政编码 100037）
本社网址：http://www.china-abp.com.cn
网上书店：http://www.china-building.com.cn

《古建筑工艺系列丛书》编委会

主　　任：徐文涛
副 主 任：徐春明
主　　编：冯晓东　崔晋余
副 主 编：陈家俊
编　　委：徐文涛　徐春明　冯晓东
　　　　　崔晋余　陈家俊
工作人员：陈　雅　黄俊超

序

● **罗哲文**

苏州，远在五六千年以前，就有一支我们的祖辈先民在这里劳动、生息，开发着这块美丽富饶的土地。公元前560年，吴王诸樊迁都于此。公元前514年，吴王阖闾又把城池从方圆5里扩展为周长47里的大城。其后两千多年，苏州一直作为地方政权或行政建制郡、府、州、县的首府，保持着政治、经济、文化中心的地位。隋开皇九年（589年），吴州因有姑苏山而改名为苏州。苏州之名由此而始，并常以姑苏称之。隋、唐时期，苏州经济得到了很大的发展，又借大运河之利，成为交通枢纽，一时商贾云集，舟车辐辏，商业繁荣，人民殷富。五代时期，中原纷争而江南太平，苏州因而更趋繁荣富庶。"上有天堂、下有苏杭"之说，也就是从这时开始。明清时期，苏州的手工业又空前发达，丝织、棉布等行业已出现了资本主义的萌芽，生产工人数以万计。苏绣、苏缎、锦绸、棉纺等，织工精细，色泽艳丽，独具特色，不仅风靡全国，而且远销海外，经济得到了空前的发展。这就是苏州文化发达、文物古迹丰富的物质和经济基础。

建筑，被称作凝固的音乐、石头的书、艺术的母体。它除了需要雄厚的物质基础和经济实力之外，还必须要有文化艺术的深厚传统和科学技术的高度水平。这对苏州而言，也都是同样具备的。苏州地区人文荟萃，自泰伯、仲雍三让天下南来之后，名贤辈出，代代相承，灿若群星。春秋吴国的季札，审时度势，谦让宽怀，备受崇敬。言偃学识过人，有"南方夫子"之称。唐代草圣张旭，宋代名相范仲淹、范成大，在文学艺术史上占有重要的地位。明清两代更是人才辈出，沈周、文征明、唐寅、仇英等称之为"明四家"，他们所开创的"吴门画派"，独步画坛。此外还有"吴门书派"、"吴门医派"等等。曾经在苏州主持过政事，为苏州做出过贡献的，还有白居易、刘禹锡、韦应物、况钟、林则徐等等，他们的政绩和道德文章，都为苏州深厚的文化内涵打下了基础。此外还必须提到，苏州还有许多能工巧匠，他们技艺超群，为古建、园林的规划和兴建做出了巨大的贡献。其中以有"塑圣"之称的雕塑家杨惠之和有"蒯鲁班"之称的大木匠师蒯祥尤为突出。他们不仅本人技艺超群，而且造就了一代代能工巧匠。总之，丰厚的物质经济基础，得天独厚的自然地理条件，深厚的文化艺术内涵和高超的建筑技艺人才，创造出苏州古建、园林的瑰宝，成为国家的重点文物和全人类的共同遗产。

以苏州为代表的中国江南的传统建筑工艺，有着得天独厚的精湛技艺，不但建筑、雕刻、假山名匠辈出，而且颇多著述。著名的《园冶》、《营造法原》等就是其中的代表作。

近来，苏州民族建筑学会等单位继编写出版《苏州古典园林营造录》之后，又组织编写出版了这套传统建筑工艺知识丛书，这是传统建筑界的一大盛事，对传承古建筑的技术和艺术，可谓又辟蹊径，欣喜之余，是以为序。

目 录

序/罗哲文

第1章 概论 ……………………………………………… 1
  1.1 中国古建筑的特点与电气火灾事故 ……………… 1
  1.2 古建筑电气装置的安装原则与选择依据 ………… 3
    1.2.1 安装原则 …………………………………… 3
    1.2.2 选择依据 …………………………………… 4
  1.3 电气线路装置发展及其特点 ……………………… 5
第2章 有关电气线路装置的施工工艺 ………………… 6
  2.1 瓷夹板明敷 ………………………………………… 6
  2.2 瓷柱（瓷珠）布线 ………………………………… 7
    2.2.1 瓷柱布线的组成 …………………………… 7
    2.2.2 瓷柱与导线的配合 ………………………… 8
    2.2.3 瓷柱布线的敷设要求 ……………………… 8
    2.2.4 瓷柱布线的操作过程及要点 ……………… 11
  2.3 瓷瓶布线 …………………………………………… 12
    2.3.1 瓷瓶布线的组成 …………………………… 12
    2.3.2 瓷瓶布线的敷设要求 ……………………… 12
    2.3.3 瓷瓶布线的操作过程及要点 ……………… 15

目录

- 2.4 配管配线 ·· 16
  - 2.4.1 古建筑内配管配线的基本工序 ············· 17
  - 2.4.2 古建筑内配管配线的一般要求 ············· 18
  - 2.4.3 钢管敷设 ·· 19
  - 2.4.4 导线连接 ·· 24
  - 2.4.5 管内穿线与接线 ··································· 30
- 2.5 护套线配线 ·· 32
  - 2.5.1 定位划线 ·· 33
  - 2.5.2 铝片卡的固定 ······································· 33
  - 2.5.3 导线敷设 ·· 33
  - 2.5.4 塑料护套线配线施工规范要求 ············· 34
- 2.6 电缆 ··· 35
  - 2.6.1 电缆的敷设方式 ··································· 35
  - 2.6.2 电缆施工前的技术准备工作 ················· 36
  - 2.6.3 电缆工程的技术质量要求 ···················· 38
  - 2.6.4 直埋电缆工程的施工 ··························· 41
  - 2.6.5 铜带阻燃型电缆在古建筑内明敷 ········· 45

第3章 保护电气的合理选配 ·································· 46

- 3.1 导线截面的选配 ······································· 46
- 3.2 断路器 ··· 51
  - 3.2.1 断路器额定电流的确定 ······················· 52
  - 3.2.2 长延时整定 ·· 53
  - 3.2.3 短延时脱扣器的整定 ··························· 53
- 3.3 漏电保护器 ·· 55
  - 3.3.1 装置分类及工作原理 ··························· 56
  - 3.3.2 漏电保护器的技术参数 ······················· 59

目 录

3.3.3 漏电保护器的选用与安装 ·················· 62
3.4 低压熔断器 ···································· 66
  3.4.1 熔断器的结构和主要参数 ················ 66
  3.4.2 熔断器的选用原则 ······················ 67

第4章 古建筑电气装置的施工验收、使用和管理 ········ 70
4.1 线路装置的验收 ······························ 70
  4.1.1 各种规定的距离 ························ 70
  4.1.2 各种支持件的固定 ······················ 73
  4.1.3 配管的弯曲半径和盒箱设置的位置 ········ 74
  4.1.4 明配线路的允许偏差值 ·················· 75
  4.1.5 导线的连接和绝缘电阻 ·················· 76
  4.1.6 非带电金属部分的接地或接零 ············ 77
  4.1.7 黑色金属附件防腐 ······················ 78
  4.1.8 施工中造成的孔、洞、沟、槽的修补 ······ 78
4.2 其他有关电气装置的安装验收 ·················· 78
  4.2.1 电气安装牢固、平正，符合设计及产品
      技术文件的要求 ························ 78
  4.2.2 电气的接零、接地可靠 ·················· 79
  4.2.3 电气的连接线排列整齐、美观 ············ 79
  4.2.4 绝缘电阻值 ···························· 79
4.3 正确使用和维护 ······························ 79
4.4 加强管理，确保电气安全 ······················ 81
  4.4.1 安全技术措施 ·························· 82
  4.4.2 安全组织措施 ·························· 86
  4.4.3 安全作业规程 ·························· 87

目 录

第5章 古建筑常用电气装置的火灾预防 … 90
5.1 电气火灾的成因 … 90
5.1.1 电气设备安装使用不当 … 90
5.1.2 雷电 … 92
5.1.3 静电 … 93
5.2 导线电缆的防火 … 93
5.2.1 接户线与进户线敷设的防火 … 93
5.2.2 室内外线路敷设的防火 … 94
5.2.3 电缆线路防火、阻燃措施 … 99
5.3 照明装置的防火 … 101
5.3.1 电气照明的分类 … 102
5.3.2 常用照明灯具的火灾危险性 … 104
5.3.3 照明装置防火措施 … 106
5.4 电气装置设备防火 … 107
5.4.1 自动开关 … 108
5.4.2 闸刀开关 … 108
5.4.3 铁壳开关 … 109
5.4.4 接触器 … 110
5.5 电气火灾防护的检查 … 110
5.5.1 电力输配和使用中的电气火灾隐患 … 111
5.5.2 电气防火工程是否完整有效 … 111
5.5.3 古建筑的防雷 … 111
5.5.4 其他 … 111

第6章 应用先进技术 提高安全用电可靠性 … 112
6.1 提高电气线路装置工作通电利用率，降低电气火灾隐患 … 112

目　录

6.2　用数控技术管理用电网络系统 …………………… 113
6.3　智能化用电网络管理系统 …………………………… 115
后记 ………………………………………………………… 117

第1章 概　　论

中国的古典建筑是中华民族文化的瑰宝，也是重要的世界文化遗产，具有珍贵的历史价值和艺术价值，保护和发扬其风格特色是我们不可推辞的职责。由于古典建筑大都是砖木结构，电气装置的防火性能和管理措施就显得尤为重要，本书将根据当前的有关规范和规程，结合江南古典园林建筑进行讨论，做出合理的选择，以达到上述目的。

1.1　中国古建筑的特点与电气火灾事故

中国古建筑的特点是年代久远，除近期修缮的外，一般的古建筑都很破旧，结构大都为砖木混合结构，建筑形式有厅、有楼，有榭、有亭，且布置在山水之间，以廊相连，错落有序。按用途分类，基本属于公共建筑和住宅两类。其位置有人居密集区，也有孤山僻野处。北方的古建筑大都地处干燥的环境，南方的古建筑则地处温暖潮湿的环境。古建筑原本没有电气装置，近一个世纪以来，电气照明等装置才逐渐在古建筑中应用，但其装置的应用规程、规范未见明确。因电气不良或使用不当而引发的电气火灾时有发生，让人担忧，抓紧制订专门针对古建筑电气装置有关规范刻不容缓。

古建筑一般用木材做构架，因木材属固体可燃物质，且由于年代久远，其易燃性更加突出。现有规范对其电气设备及线路的设计和安装有很多要求，在古建筑养护、维修和电气改造过程中应密切注意，严格遵循。在古建筑的电气装置设计、施工、验收和管理时应以有关规范为依据，制定相应的方案，经供电、公安、消防、文管、宗教等部门的审核同意后，方可实施执行。

古建筑的火灾事故原因很多，而电气的安装、使用不当引起的火灾是原因之一。经常见到有关报道说某处火灾原因是电线短路。所谓"短路"是指通电导线之间因绝缘破坏，使导线间碰撞造成电路短接而产生火花，致使导线熔断的现象，俗称"碰线"。导线熔断时常在断线处被熔成"熔珠"，短路的熔珠在火灾现场是常见的，它有可能是火灾的成因，但不一定是火灾事故的惟一原因。因此，在火灾现场发现导线熔珠，千万不要轻易下结论是短路引起火灾，应根据现场系统分析，是线路先短路，引发火花导致火灾，还是有其他原因发生火灾，火焰燃及未停电的导线使其绝缘破坏，引发短路。一定要判别导线的熔珠是火灾的起因还是因火灾造成电气短路而产生的。不要轻易下结论，导致忽略事故真正原因。

1.2 古建筑电气装置的安装原则与选择依据

1.2.1 安装原则

关于古建筑电气设施的线路装置，在 20 世纪初采用的是瓷夹板明线或木槽板线，电气干线也有采用瓷柱或瓷瓶明线，较少采用电线管明管或铅包线敷设，当时由于电量较小，未见明显缺点。20 世纪八九十年代开始采用塑料护套线和电缆线敷设。苏州古典园林建筑公司为使安装现场协调美观，定制了一批黑色塑料护套线在古建筑维修时使用。20 世纪 90 年代初，随着旅游事业的蓬勃发展，古建筑用电量剧增，考虑金属管线对火灾防护性能较优越，曾在一景区内试用了镀锌钢管穿塑料铜心线的明管敷设做法。但由于其外观与古建筑不相协调（虽然漆相同颜色油漆），另外安装支架有损古建筑美观，于是产生不同的争议。虽然广大技工对其电气线路及装置动了很多脑筋，如在横架木梁中心上下钻孔，以利导线穿过，装上吊灯线链，有些修缮项目中以水泥柱梁替代木柱梁，在水泥预制时预埋电线管及接线盒，然后再行沟通。这些做法确实对古建筑外观无损，线路隐蔽，但由于施工维修较困难，不能广泛推行。总之古建筑电气装置安装原则应以安全防火为主，同时也应与古建筑的风格特色相协调。

1.2.2 选择依据

针对古建筑的电气装置，从设计规范到安装施工及验收规范，目前未见明确规定，20世纪以来，电气装置在古建筑中应用是随着科技普及与发展而不断更新和发展的，但是否先进，在实践中并未完全得到肯定，只能通过时间的推移加以确认。因此，研究开发古建筑适用的电气装置，制定适合古建筑的电气设计、施工、验收标准，这是当务之急，也是保护古建筑的必然措施。

为了保障古建筑安全地安装使用电气装置，并且有利于保养维护，同时考虑到电气装置的外观应与古建筑风貌特征相协调，目前只能参考现行有关电气的标准、规范，按古建筑电气装置的用途、环境以及本身的材质，选择相关合理的内容执行，同时为今后制定适合古建筑的电气标准规范积累完整的资料。

根据有关规定：木材属固体状可燃物质，古建筑应属具有固体可燃物质，在数量和配置上能引起火灾危险的环境，即：火灾危险环境分区的23区。当前可执行的标准有国家标准《爆炸和火灾危险环境电力装置设计规范》、《电气装置施工及验收规范》、《低压电气装置规程》及有关电气装置规程。按照上述标准和规程实施，基本能解决维护保养、修缮中遇到的基本问题。

1.3 电气线路装置发展及其特点

古建筑电气线路在早期，由于当时的技术、材料、施工工艺的局限，有一个发展过程。早期由于用电量较少，仅限于照明等，其线路敷设方式主要是瓷夹板、木槽板。某些装饰讲究或有顶棚的还使用铅包线和铁管线；随着用电量扩大或占古建筑被用作为生产场所，其线路采用瓷柱、瓷瓶敷设，期间护套线也替代一部分照明用电线。20世纪90年代以后随着经济的发展和人们对古建筑电气装置的重视，明暗管线和电缆线敷设已成为主要的敷设方式，加上有关保护电气的措施广泛地应用，古建筑电气装置的安全性有了一定的保障。

随着现代科学技术的普及，一些最新技术已开始在古建筑电气装置中使用。例如数控用电网络系统、智能化用电网络系统等。这里引出古建筑电气装置的"通电利用率"的概念，也就是需要用电的设施，予以通电，暂不用电设施，暂不通电。其分隔处以配电干线通过地埋或明敷的金属管线或电缆的配电箱为界，各用电设施分路配出，形成用电就通电，不用不通电，这是数控用电网络系统。如果运用电脑及有关传感元件和执行器件等实现智能化用电网络管理系统控制用电设施的开、关（通电与否）并以程序记录各分路的用电情况及运行状况，显示各分路的安全性能等，遇有特殊情况，可对用电设施进行新的程序编排，适应新的要求。这些新技术在古建筑电气装置中应用使古建筑用电更合理、安全。详细内容请参见本书第6章。

第 2 章　有关电气线路装置的施工工艺

电气装置中线路敷设方法有很多种，古建筑使用的有瓷夹板、瓷柱、瓷瓶、明暗管线等方法。下面就其在不同场合的使用和特点分别介绍。

2.1　瓷夹板明敷

瓷夹板由陶瓷制成，有二线式及三线式两种，夹板分上下两块，靠木螺丝固定，中间夹住橡胶或塑料绝缘导线。瓷夹板敷线用于古建筑早期用电。两线用于照明，三线用于小型电力装置，现在很少应用。

陶瓷夹板使用两三年以上受环境影响容易断裂；绝缘导线离木梁或木檐子较近（5mm左右），两线距离也仅2cm左右，夹板断裂后导线受风的影响极易摩擦，造成绝缘磨损，电线间短路。并且瓷夹板明敷因夹板为白瓷色敷设在棕红色木梁或木檐上很显眼，有损于美观，所以不宜在古建筑敷设使用。

另外，某些地方还使用塑料线夹（图2-1）其效果并不优于瓷夹板，故未见广泛使用。

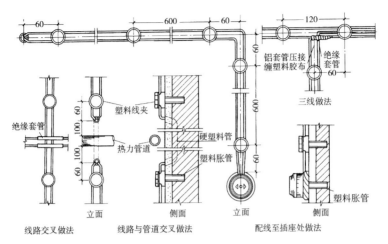

图 2-1 塑料线夹布线做法图

2.2 瓷柱（瓷珠）布线

2.2.1 瓷柱布线的组成

瓷柱布线由瓷柱、瓷套管及导线（截面在 25mm^2 以下）等组成（见图 2-2）。

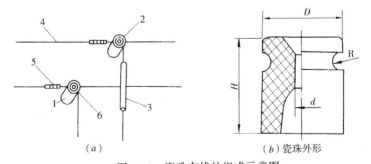

图 2-2 瓷珠布线的组成示意图

1-瓷珠；2-固定瓷珠用木螺钉；3-瓷套管；4-导线；
5-导线接头；6-纱包铁心绑线

瓷柱用于支持导线，瓷套管用于导线间或导线与其他物体交叉贴近时绝缘。

2.2.2 瓷柱与导线的配合

瓷柱与导线的配合，根据导线截面的大小，配用相应的瓷柱。

2.2.3 瓷柱布线的敷设要求

（1）导线要横平竖直，不得与建筑物接触。线路水平敷设时导线距地高度不低于2.3m。

（2）导线需用纱包铁心绑线（不得用裸钢丝）牢固绑在瓷柱上，受力瓷柱用双绑法（见图2-3），加档瓷柱用单绑法（见图2-4），终端瓷柱把导线绑回头（见图2-5）。

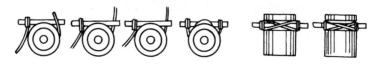

图2-3 绑线的双绑法

图2-4 绑线的单绑法

2.2 瓷柱（瓷珠）布线

图2-5 导线回头绑法

(3) 线路在分支、转角和终端处敷设位置见图2-6。

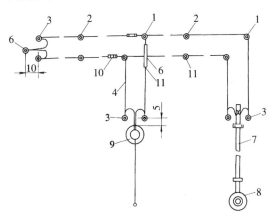

图2-6 瓷柱线路在分支、转角和终端处敷设
1-受力瓷柱；2-加档瓷柱；3-终端瓷柱；4-导线；
5-导线交叉时绝缘用的瓷套管；6-导线穿墙用的瓷套管；
7-硬塑料管保护段；8-电插座；9-拉线开关；10-导线接头；11-绑线

(4) 线路在穿墙及不同平面转角处的敷设见图2-7。

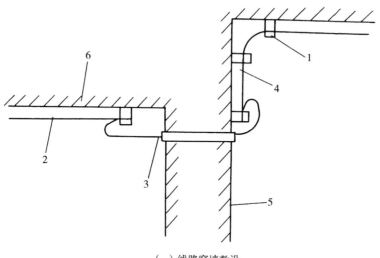

(a) 线路穿墙敷设

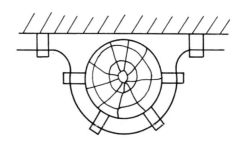

(b) 线路绕木梁敷设

图2-7 瓷柱线路在穿墙及不同平面转角处的敷设
1—瓷柱；2—导线；3—导线穿墙套管；4—绑线；5—墙壁；6—顶棚

2.2.4 瓷柱布线的操作过程及要点

一、准备工作

布线前，需检查各种工具、器材是否适用，木螺钉、绑线、瓷套管等辅助材料是否齐备，了解建筑物的构造情况，选择好走线路径。

二、定位工作

根据选择好的路径，测定瓷柱的具体位置。具体做法是先确定起点和终点位置，然后再按要求的距离均匀确定中间瓷柱的位置。在开关、插座和灯具附近的 10cm 处都应安装瓷柱。

三、瓷柱安装

砖墙应预埋木砖，线路在穿墙时需打好过墙眼，装套管或在砌墙时预留套管。

用木螺钉把瓷柱拧在牢固的预埋木砖上（拧入深度宜在 2cm 以上），以木螺钉压帽压在瓷柱中间的凹槽内，使瓷柱不能转动为宜。

四、架线

导线放开后，先在起点用绑线把导线绑在起点瓷柱上，再把导线拉直绷起绑在终端的瓷柱上，然后用绑线把导线分别绑在中间的加档瓷柱上。架线前，导线套好交叉绝缘用的瓷管。在开关、插座、灯具和接头处留出接头，以便连接。

五、接包头

把需要连接和分支的接头接好，并包缠绝缘带。

2.3 瓷瓶布线

古建筑使用的瓷瓶有针式和蝶式两种：针式瓷瓶又称直瓶，用于线路的中间支持点和档距间较小的转角或终点处；蝶式瓷瓶又称拉台，用于线路档距较大的转角或终端处。瓷瓶所配的钢脚形式有木担直脚、铁担直脚、弯脚三种，钢脚与瓷瓶组合后分别简称为木担直瓶、铁担直瓶和弯脚瓷瓶，其形状分别见图 2-8 (a) ~ (d)。

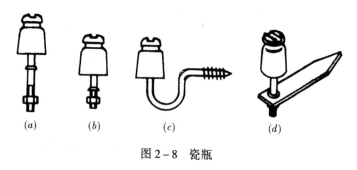

图 2-8 瓷瓶

2.3.1 瓷瓶布线的组成

瓷瓶布线由瓷瓶、导线和支架等组成（见图 2-9）。

2.3.2 瓷瓶布线的敷设要求

(1) 导线要敷设整齐，且不得与建筑物接触（内侧导线距离一般为 10~15mm）。线路一般均为水平敷设，导线距地高度不应低于 3m。

2.3 瓷瓶布线

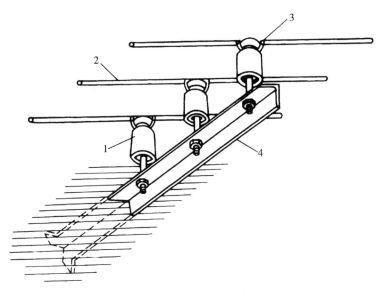

2-9 瓷瓶布线组成示意图
1-瓷瓶（支持导线用）；2-导线；
3-纱包铁心绑线（固定导线用）；4-支架（固定瓷瓶用）

(2) 导线必须用绑线牢固地绑在瓷瓶上。中间瓷瓶均用"顶绑法"（见图 2-10），转角瓷瓶均用"侧绑法"，终端瓷瓶用"回头绑法"。

(3) 瓷瓶应牢固地安装在支架和建筑物上，支架有木横担和铁横担两种。在古建筑中通常用 L 30×30×4 角钢或 50mm×50mm 方木制作。方木应选用质地坚硬、干燥而且无节子和裂痕的木材加工。横木埋入墙内的长度，一般为需要长度（露在墙外部分）的 2/5，如达不到时，应加横撑。

(4) 导线由瓷瓶线路引下对用电设备供电时，一般均采用塑料管或钢管明配，导线如需连接，应在瓷瓶附近进行。

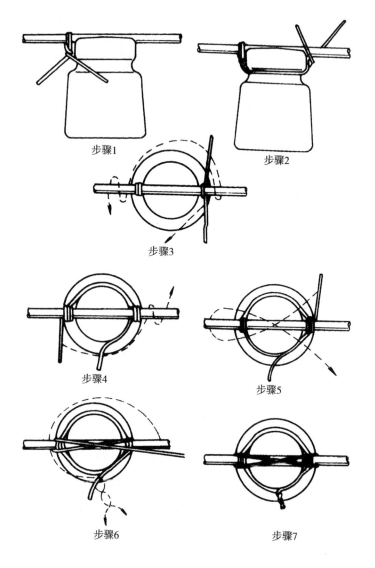

图 2-10 顶绑法

(5) 瓷瓶布线当线路长度超过 25m（指一个直线段）时，其终端应使用拉台装置。

2.3.3 瓷瓶布线的操作过程及要点

一、准备工作

布线前要检查各种工具、器材是否适用，支架和绑线等辅助器材是否齐备，了解古建筑的构造情况，选好走线路径。

二、定位工作

根据选好的路径和档距的要求，测定瓷瓶支架的位置，注意在用电设备的引下线处应设一个支架。若使用铁板或弯脚瓶时，先固定起点和终点，然后按档距要求，直接均匀地测定每个瓷瓶的安装位置，注意在用电设备引下线处应设一个瓷瓶。

三、制作支架

根据导线的支数及其间距要求和埋入墙内的长度，截取方木或角钢，并钻好安装孔。

四、安装支架

支架在砖墙上有两种安装方法，一种是砌墙时将支架预埋好；另一种是砌墙时预留洞孔或在已筑砌好的墙壁上凿洞，然后把支架放入洞内，用半湿状态的水泥将洞孔填满，使其严密结实。支架筑入墙内部分应涂以沥青防腐。埋筑支架前还应检查瓷瓶钢脚的安装孔是否钻好，以免返工。

五、固定瓷瓶

待土建施工完毕和支架稳固端水泥具有强度后，即可进行安装瓷瓶的工序。

使用弯脚瓶或铁板瓶时，在测位工序完成后即可进行瓷瓶安装工序。装弯脚瓶时，应把弯脚的螺扣全部拧入木结构内。装铁板瓶时，把铁板夹端打入砖墙灰缝内以后，再打入4cm以上深度。

六、架线

导线放开后，先在起点用绑线把导线绑在瓷瓶上，再把导线拉直绷起绑在终端瓷瓶上，然后用绑线把导线分别绑在中间的瓷瓶上。

七、接焊包头

把需要连接和分支的接头接好，并缠包绝缘带。

八、支架刷漆

木横担一般刷灰色油漆两道。铁担先刷樟丹油一道，再刷灰色油漆一道。

2.4 配管配线

配管配线是将电线穿在管子中的一种线路敷设方法，用管子将电线保护起来，使电线免受外界影响而损坏，从而在使用电时实现安全可靠的要求。配管所用的管子，目前一般采用焊接钢管或阻燃塑料管两种，而末端线盒与电气器具的连接一般采用金属软管或塑料波纹管来敷设。

古建筑内配管工程分为明配管和暗配管两种。明配管是用管卡、管箍、支架、吊架等将钢管或塑料管固定在墙上、柱子上、顶板上。暗配管是将钢管或塑料管埋设于地面、砖柱、砖墙内。这部分管子在墙、柱及地面建筑工程完工后，管子被覆盖而看不见，故称为暗配管。

2.4.1 古建筑内配管配线的基本工序

要使电气配管配线工程达到设计要求和规范要求，应按以下程序进行。

(1) 弄懂弄清设计图纸，明确配管工作内容和古建筑结构。

(2) 暗配管工程在施工时，应配合土建工程进行施工。包括土建墙体的定位及灯具、开关、插座、配电箱的定位等；根据起讫位置，通过实测实量，进行管子的加工预制工作；根据土建进度要求，及时在现场敷设、连接和固定管子；做跨接地焊接。

(3) 明配管工程施工一般在土建工程完工后、粉刷装饰工程之前进行，基本工作包括测量并定位灯具、开关、插座、配电箱的位置；根据起讫位置，通过实测实量，加工预制管子；根据现场安装位置及规范要求，加工制作支架、吊架等；用膨胀螺栓固定支架、吊架等；用管卡支架或吊架固定管子；焊接跨接地。

(4) 根据工程特点和总体进度要求，及时准确地穿线和接线。决定配管、配线工程是否达到要求，关键在于是否弄懂弄清图纸以及在施工的全过程是否精心。表2-1列出了平面图上管线敷设的标注格式和含义。

线路敷设方式和敷设部位的文字符号　　表 2−1

线路敷设方式的文字代号		
敷设方式	旧符号	新符号
明敷	M	E
暗敷	A	C
用瓷瓶或瓷珠敷设	CP	K
用瓷夹板或瓷卡敷设	CJ	
用卡钉（铝皮带卡）敷设	QD	AL
穿焊接管敷设	GG	S
穿电线管敷设	DG	T
穿塑料管敷设	SG	P
敷设部位的文字代号		
敷设部位	旧符号	新符号
沿梁下弦	L	B
沿柱	Z	C
沿墙	Q	W
沿顶棚（天花板）	P	CE
沿地面（板）	D	F

2.4.2　古建筑内配管配线的一般要求

无论配管工程为明配管或暗配管，都有一些共同的技术质量要求，主要包括：

（1）线路为暗配管时，暗配管宜沿最近线路敷设，并应尽量减少弯曲。在建筑物中的暗配管与建筑物表面的距离不应小于 15mm。

（2）暗配管不宜穿越设备或建筑物的基础。否则应采取保护措施，以防基础下沉而影响管线的正常工作。

（3）弯管时，管子的弯曲处不应有褶皱、凹陷和裂缝，弯曲程度不应大于管外径的 10%。

（4）当线路明配时，管子的弯曲半径不宜小于管子外径的 6 倍；当两个接线盒间只有一个弯曲时，其弯曲半径不小于管子弯曲半径的 4 倍。

（5）当线路为暗配时，弯曲半径不应小于管子外径的 6 倍；当埋设于地下或混凝土内时，其弯曲半径不应小于管子外径的 10 倍。

（6）配管遇到下列情况之一时，中间应增设接线盒，且接线盒的位置应处于便于穿线的地方：

a. 管长度每超过 30m，无弯曲时。

b. 管长度每超过 20m，有一个弯时。

c. 管长度每超过 15m，有两个弯时。

d. 管长度每超过 8m，有三个弯时。

（7）垂直敷设的管子遇到下列情况时，应增设过路盒，作为固定导线用的拉线盒：管内穿线截面在 $50mm^2$ 及以下时，长度每超过 30m。

（8）金属管与金属盒（或箱）必须做可靠的接地连通。

2.4.3 钢管敷设

电气配线保护使用的钢管，一般多选用焊接钢管，有时也选用镀锌钢管，施工中应按设计图纸确定使用的钢管类型或规格。焊接钢管有薄壁钢管和厚壁钢管两种。薄壁钢管也称电线管，厚壁钢管就是常用的低压流体输送钢管（俗称水煤气管），焊接钢管的管壁和管径尺寸如表2-2所示。

焊接钢管的规格尺寸 表2-2

种类	公称口径		外径	壁厚	内径
	(mm)	(in)	(mm)	(mm)	(mm)
薄壁钢管	15	5/8	15.87	1.6	12.67
	20	3/4	19.05	1.6	15.85
	25	1	25.4	1.6	22.2
	32	1 1/4	31.75	1.6	28.55
	40	1 1/2	38.1	1.6	34.9
	50	2	50.8	1.6	47.6
厚壁钢管	15	5/8	21.25	2.75	15.75
	20	3/4	26.75	2.75	21.25
	25	1	33.5	3.25	27
	32	1 1/4	42.25	3.25	35.75
	40	1 1/2	48	3.5	41
	50	2	60	3.5	53
	70	2 1/2	75.5	3.75	68
	80	3	88.5	4	80.5
	100	4	114	4	106

钢管采购后运抵施工现场时，应对钢管进行检查，检查的项目一般包括：

（1）钢管应有材质证明文件和生产合格证。

（2）钢管的型号、规格是否符合施工的需要。

（3）钢管的壁厚及外观质量是否符合要求，管内、外不应有严重的锈蚀现象。

（4）钢管不应有折扁和裂缝，管内应无铁屑及毛刺，切断口应平整，管口应光滑。

焊接钢管在使用前应除锈,并刷防腐漆。暗敷在混凝土内的钢管,钢管外壁一般不刷防腐漆,原因是油漆会影响混凝土和钢管的结合,影响土建结构。但是混凝土中敷设的钢管内壁仍应刷防腐漆。除直埋设于混凝土内的钢管,只对钢管内壁刷防腐漆外,无论是明配或暗配的所有焊接钢管,均应在钢管内壁和外壁刷防腐漆。

除埋设于土层内的焊接钢管外壁刷两度沥青漆之外,其余情况下均应刷红丹防腐漆。

当采用镀锌钢管时,如果镀锌层有剥落,也应补刷防腐漆。如果设计中对防腐施工有特殊要求时,应依照设计进行防腐处理。

钢管的加工主要包括切割、套丝和揻弯。

一、暗配钢管的敷设

在建筑物的墙柱、地面内敷设的电气管线属于暗配管线。

(1) 钢管在砖墙内的暗配。钢管暗配于砖墙内的施工方法,可以在土建砌墙时敷设钢管及电气配电箱、开关盒、插座盒等,也可以在砌墙之后在砖墙上开槽敷设钢管。

当采用在砖墙上开槽敷设钢管时,应在土建抹灰之前进行。

在砌墙上开槽应使用专用的开槽机开槽,避免破坏砖墙结构。钢管在槽内敷设时应该用高强度等级的水泥砂浆抹面,其厚度不应小于1.5cm。

(2) 钢管在土质地面内暗配。当钢管在水泥地面下的土层上敷设时,钢管应敷设在被夯实的土层上,钢管按设计敷设后，可在其旁边打入膨胀螺栓或者角钢、钢筋等，再将敷设的钢管与其焊接连接，以便固定被敷设的钢管。钢管油漆完整、安装固定牢靠后，即可由土建施工地面。

(3) 暗配钢管的连接和接地。根据施工及验收规范要求，暗配管的黑色钢管与盒箱连接可以采用焊接连接，焊接钢管的连接可采用套管焊接连接；镀锌钢管与盒箱的连接和明配管一样，应采用锁紧螺母连接。镀锌钢管与薄壁钢管（电线管）应采用螺纹连接，不应采用焊接。

钢管用套管连接时，套管与钢管连接部位的四周要全部焊接严密无遗漏，必须防止水泥砂浆灌入钢管内，凝结成一体堵塞钢管，而无法穿线。

钢管是一种良好导体。根据有关规范标准要求：钢管可以作为接地线的部分，由于管内有带电的导线或电源，钢管本身也需要做接地处理，即钢管要通过其他金属材料与主接地体连通；暗配钢管跨越电气箱盒时，钢管要做跨接地焊接处理，箱盒与钢管之间应采用焊接，如果采用螺钉连接时，箱盒外壳与钢管之间也需要做跨接地处理。钢管做跨接地时，跨接地线一般用圆钢作材料，在地下土层中配管时，若管内为交流回路的导线，接地圆钢直径应不小于10mm；若管内为直流回路导线时，接地圆钢直径应不小于12mm。当在地上配管时，室内的跨接地圆钢直径应不小于6mm，室外应不小于8mm。

为保证整个接地系统的可靠安全，跨接地所使用的圆钢与箱盒两侧的钢管的焊接，不可点接触焊接，应保证足够的焊接长度，详见表2-3的跨接线要求。

跨接线要求（mm） 表2-3

公称直径		跨接线		
电线管	钢管	圆钢	扁钢	焊接长度
≤32	≤25	φ6		30
40	32	φ8		40
50	40~50	φ10		50
	70~80		25×4	50

注：电线管、钢管的接头除采用管头焊接方式外，均应采用圆钢或扁钢跨接焊成的电气通路，对跨接线要求见表。

二、明配管敷设

钢管明配敷设一般包括沿墙、沿木梁或屋檐明配管。主要安装材料包括钢管、支架或吊架、管卡和明配接线盒等。钢管明配的基本要求是横平竖直、排列整齐，钢管管卡间最大距离应符合表2-4的规定，并且要求在管路距终端、弯头中点，接线盒或过路盒、电气器具等的边缘距离在150~500mm范围内，应对钢管予以固定。

钢管管卡间最大距离 表2-4

敷设方式	钢管种类	钢管直径（mm）			
		15~20	25~32	40~50	65
		管卡间最大距离（m）			
吊架/支架或沿墙、檐敷设	厚壁钢管	1.5	2.0	2.5	3.5
	薄壁钢管	1.0	1.5	2.0	—

当钢管明敷于墙、木梁、木檐子上时，可通过在墙上或者木梁、木檐子上打入塑料胀管，然后将钢管连同管卡固定于塑料胀管上，当成排管子或直径较大，重量很重时，应在墙上安装支架，在支架上用管卡固定钢管，支架在墙上、柱子上的生根固定用膨胀螺栓。

明配管的连接可以采用管套连接，明配管的连接除管径太大，无法套丝者外，应采用专用管接头（管箍）连接，即螺纹连接。因此明配钢管两端应在安装前用套丝机套丝，套丝长度不应小于管接头长度的1/2；并且要求钢管用管接头连接以后，宜外露螺纹2~3扣。无论是管接头或是钢管的丝螺纹都应表面光滑无缺损。

明配管与电气箱盒连接时，钢管端头也应套丝，与电气箱盒连接前，应在箱盒上用开孔器开规格与钢管外径匹配的圆孔，钢管与电气箱盒连接时，应在箱盒两侧的管子上各装一锁紧螺母，以便将管子与箱盒连接固定。要求锁紧螺母固定后，箱盒内的管端螺纹宜外露2~3扣。

明配管的跨接地包括：管接头两侧钢管的跨接地焊接；箱盒两侧的钢管跨接地焊接；钢管与箱盒的跨接地焊接。接地圆钢的最小规格尺寸及焊接长度的规定与暗配钢管的要求相同。

2.4.4 导线连接

配线时常常需要把一根导线与另一根或数根导线连接起来，导线与导线连接处称为接头，接头处往往容易发生事故，所以导线连接是一道非常重要的工序，安装的线路能否安全可靠地运行,在很大程度上取决于导线接头的质量,如接头接触不良或松脱,会增大接触电阻,使接头处过热以致损坏绝缘,造成触电或火灾事故。

导线的连接方法很多,有绞接、焊接、压接和螺栓连接等,各种连接方法适用于不同导线及不同的使用环境。对导线连接的基本要求是:

(1) 接触紧密,接头电阻小,稳定性好,与同长度同截面导线的电阻比应不大于1。

(2) 接头的机械强度应不小于导线机械强度的80%。

(3) 耐腐蚀,对于铝导线与铝导线的连接如采用熔焊法,要防止残余熔剂或熔渣的化学腐蚀;对于铝导线与铜导线连接,要防止电化学腐蚀。

(4) 接头的绝缘强度应与导线的绝缘强度一样。

截面为 $10mm^2$ 以下的单股铜心线和截面为 $2.5mm^2$ 及以下的多股铜心线和单股铝心线与电气器具的端子可直接连接,但多股铜心线应先将线心拧紧后搪锡,再与端子连接。多股铝心线和截面超过 $2.5mm^2$ 的多股铜心线的终端,应焊接或压接缩小后,再与电气器具的端子连接。压接导线端头时导线的端头压模的规格应与线心截面相同。下面以铜心导线的连接为例说明导线的各种连接方法。

在导线连接前先要剥切绝缘层,剥切时注意不损伤导线线心,线心头应用砂布将表面打磨干净,以便连接后上锡。对镀有锡层的导线不得刮掉锡层。

单股铜导线连接,有绞接和缠接两种方法。截面较小的单股导线,一般多用绞接法,如图 2-11 所示。

图 2-11 单股导线绞接法

绞接时,先将导线互绞 3 圈,然后将两线端分别在另一线上紧密地缠绕 5 圈,余线割掉,使端部紧贴导线。

图 2-12 为分支连接图。

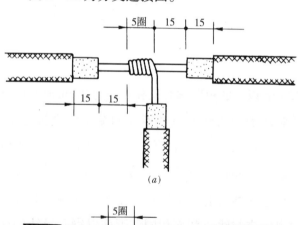

(a)

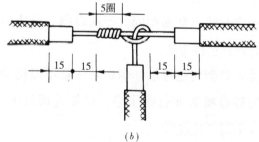

(b)

图 2-12 单股导线分支连接图

绞接时，可先用手将支线在干线上粗绞 1～2 圈，再用钳子紧密缠绕 5 圈，余线割掉。

截面较大的导线，因绞接有困难，则多用缠绕法，如图 2-13（a）、（b）所示。

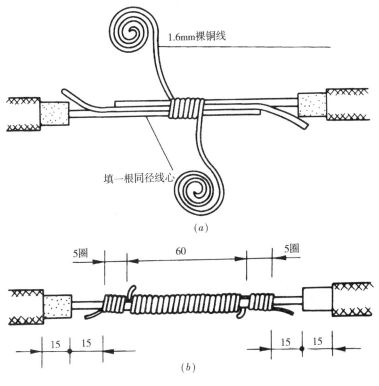

图 2-13　大截面单股导线缠绕法

直线连接时将两线端用钳子稍作弯曲，相互合并，然后用直径约 1.6mm 的裸铜线紧密地缠卷在两根导线的合并部分。缠卷长度：导线直径在 5mm 及以下时为 60mm，导线直径在 5mm 以上时为 90mm。支线连接见图 2-14 所示。

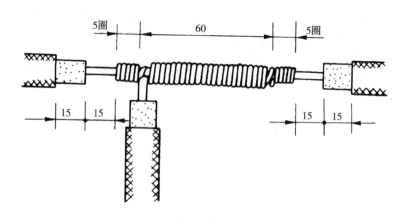

图 2-14　大截面单股导线支线连接法

多股铜导线连接有单卷、复卷和缠卷三种方法。无论何种方法，均须把多股导线顺次解开成 30°伞状，用钳子逐根拉直，并用砂布将导线表面擦净，多股铜导线单卷连接法是常用的方法，如图 2-15 所示。

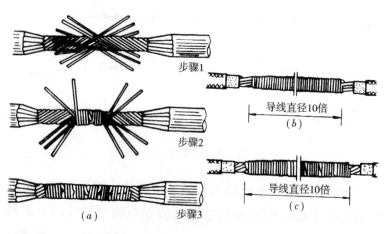

图 2-15　多心导线绞接

多心导线的分支连接方法有两种,一种为用连接绑线缠绕连接如图 2-16 (a)、(b) 所示。

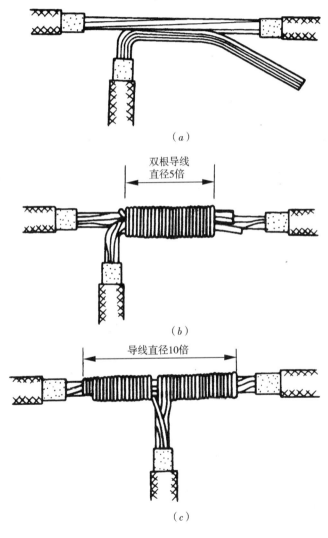

图 2-16 多心导线分支连接

另一种为用分支线本身各线单卷或复卷连接，如图 2-16 (c) 所示，图 2-16 (a) 是分支连接前的情形。

铜导线的连接，除上述方法外，还可以采用机械冷压连接，即采用相应尺寸的铜连接管套在被连接的线芯上，用压接钳和压模进行冷态压接。

所有导线连接好后，均应用绝缘带包扎，以恢复其绝缘，包扎时应先用绝缘带或黄蜡布带紧缠两层，然后用黑胶布带缠两至三层。缠绕时采用斜叠法，使每圈压叠带宽的半幅。第一层绕完后，再另一斜叠方向缠绕第二层。绝缘层缠绕厚度应与原有绝缘层一样厚。包缠绝缘带时，要用力拉紧，包卷得紧密坚实，并粘结在一起，以免潮汽侵入。

2.4.5 管内穿线与接线

钢管在暗配工程中，当管路敷设完成后，所有的管口必须作封堵处理。封堵要严实，不能让水泥砂浆、雨水及其他杂物进入，以便穿线方便，线路运行也能安全可靠。

管内穿线前，应先对管路进行检查。如果有杂物或水等进入，要及时清理。如果有水泥砂浆进入时，如果水泥砂浆已固化，必须采取措施，根据现场实际情况，另外补敷管子。

穿线时，钢管管口不得有毛刺，否则应用钳子或圆锉等将管口的毛刺打掉，保证管口光滑平整，防止毛刺伤坏电线绝缘。穿线工作包括管内穿钢丝和管内穿线两项基本工作。管内穿钢丝在施工条件许可时，宜越早进行越好，这样便可以在没有粉刷地面或墙面时,及早发现管内不通的问题,以便提前处理。

管子钢丝穿完后,如果暂时不准备穿线,应在电气盒(箱)内对每个管内进行封堵,防止土建粉墙时,水泥砂浆等杂物进入管内。

管内穿线工作宜在建筑物抹灰、粉刷及地面工程结束后进行;穿线前,应将管内的积水及杂物清除干净。清理积水及杂物一般可用吹风机对着较高一端的管口吹洗,也可在钢丝上固定拖布清扫,直至管内无积水和杂物为止。

穿线工作应严格按照设计图纸和国家施工及验收规范的要求,所使用的电线应为合格产品,电线的型号和规格应符合设计要求,并根据以下规定选用电线的色标:

(1) 相线的颜色色标规定为L1相电线为黄色线,L2相电线用绿色线,L3相电线用红色线。

(2) 零线(N)使用淡蓝色线,地线(PE)用黄绿线。

穿线的电线一定要按上述规定分清电线的色标,给接线及校线、维修等提供方便。

管内穿线用钢丝将其拉入管子内实现穿线目的。为便于日后维修中查线及换线,电线在管内不允许有绞股现象,因此要边穿线边放线,消除电线的弯曲。同时在穿线的过程中,要避免电线在管口直接摩擦,防止破坏电线的绝缘层。

在管内穿线工作结束之后,应立即进行校线和接线,校线和接线应同时进行。校线的方法有两种,一种是根据管子两端的色标,将电气回路接通;另一种校线办法是采用电话接线。

对于配管配线，电线接头不允许在管子中间，而应在管子与管子之间的接线盒中接线，并由接线盒将电源引向用电气具或开关、插座等。

在接线盒中连接导线前，应在每个盒子的管口套入与管径匹配的塑料或橡皮护圈，防止电线与管口直接接触，保护电线的绝缘层。

接线完毕以后，用500V兆欧表检查每个回路电线的对地（钢管、金属箱外壳均为地）绝缘电阻，绝缘电阻应符合要求。例如，对动力或照明线路，绝缘电阻应不小于$0.5M\Omega$；对于火灾报警线路，未接任何元件时，单纯线路的绝缘电阻应不小于$20M\Omega$。

当线路绝缘测试完毕符合要求后，管子与管子之间的接线盒应加盖封闭，使电线及接头不外露。要求薄钢板盒子加薄钢板盖板，防止内部电线绝缘破坏时，未接地的盒子薄钢板盖板带电伤人。

2.5 护套线配线

塑料护套线是一种具有塑料保护层的双芯或多芯绝缘导线，具有一定的防潮、耐酸和耐腐蚀等性能，曾在古建筑内使用，它的敷设方式是在墙壁以及建筑物上，用铝片卡（也叫钢筋扎头）作为导线的支持固定物。塑料护套线的施工方法如下。

2.5.1 定位划线

定位划线工作与其他配线方法一样,先确定起点和终点位置,然后用粉线袋按导线走向划出正确的水平线和垂直线,再按护套线安装要求,每隔 150~200mm 划出固定铝片卡的位置。距开关、插座、灯具的木台 50mm 处和导线转弯两边的 80mm 处,都为设置铝片卡的固定点。

2.5.2 铝片卡的固定

在木结构上,用钉子钉牢;在无抹灰层的墙上,可用水泥钉钉牢;在有抹灰层的墙上,可用鞋钉直接钉住铝片卡。

2.5.3 导线敷设

在水平方向敷设护套线时,如线路较短,为便于施工,可按实际需要长度将导线剪断。敷线时,一只手扶持导线,另一只手将导线固定在铝片卡上;如线路较长,又有数根导线平行敷设时,可用绳子把导线吊挂起来,使导线的重量不完全承受在铝片卡上,然后把导线逐根排平并扎牢,再轻轻拍平,使其与墙面紧贴,垂直敷线时,应自上而下,以便操作。

转角处敷线时弯曲护套线用力均匀,其弯曲半径不应小于导线宽度的 3 倍。

塑料护套线的接头,最好放在开关、灯头或插座处,以求整齐美观;如不可能做到,则应加装接线盒,将接头放在接线盒内。

导线敷设完后,需检查所敷的线路是否横平竖直,方法是用一根平直的木板条靠在敷设线路的旁边,如果线不完全紧靠在木条上,可用螺丝刀柄轻轻敲击,让导线的边缘紧靠在板条上,使线路整齐美观。

2.5.4 塑料护套线配线施工规范要求

(1) 塑料护套线不应直接敷设在抹灰层、吊顶、护墙板内。室外受阳光直射的场所,不应明配塑料护套线。

(2) 塑料护套线与接地导体或不发热管道紧贴交叉处,应加套绝缘保护管;敷设在易受机械损伤场所的塑料护套线,应增设钢管保护。

(3) 塑料护套线的弯曲半径不应小于其外径的三倍;弯曲处护套和线芯绝缘层应完整无缺损。

(4) 塑料护套线进入接线盒(箱)或与设备、器具连接时,护套层应引入接线盒(箱)内或设备、器具内。

(5) 沿建筑物表面明配的塑料护套线应符合下列要求:

1) 应平直,不应松弛、扭绞和曲折。

2) 应采用线卡固定,固定点间距应均匀,其距离宜为 150~200mm。

3) 在终端、转弯和进入盒(箱)、设备或器具处均应装设线卡固定导线,线卡距终端、转弯中点、盒(箱)、设备或器具边缘的距离宜为 50~100mm。

4) 接头应设在盒(箱)或器具内,在多尘和潮湿场所应采用密闭盒(箱),盒(箱)的配件应齐全,并固定可靠。

2.6 电　　缆

2.6.1 电缆的敷设方式

电力电缆、控制电缆在古建筑室内外的敷设方式有以下几种：

一、直接埋地敷设

直埋敷设电缆是指将电缆直接埋设于地下的土层中，并在电缆周围采取措施对电缆给予保护。

二、沿电缆支架敷设

按照支架安装的位置，沿支架敷设电缆包括：

(1) 电缆沿地沟支架敷设。在砖结构或混凝土结构的地沟内安装角钢支架，并将电力电缆和控制电缆等有序地放置并固定在支架上。安装完成后，用预制混凝土盖板或钢制盖板将电缆地沟封闭。

(2) 电缆沿墙上支架垂直敷设。将竖直电缆用钢管卡子直接固定在墙上，或者用管卡子固定在支架上。这种敷设方法电缆是外露无保护，一般仅适用于配电室或电气竖井内等非专业人员不能进入的场合。

三、电缆穿钢管敷设

当设计中规定在某段区域的电缆穿钢管敷设时，应遵守设计要求先敷设钢管，再将电缆穿入钢管中。

除设计规定者外，施工中还应遵照现行施工及验收规范的规定，对规定的区段电缆穿钢管保护（例如：直埋电缆穿过园路、进入建筑物地沟、人孔井等）。

四、在桥架上敷设电缆

用电缆桥架敷设电力电缆、控制电缆及弱电电缆，是近年来兴起的电缆敷设方式，在古建筑中一般不使用。

五、电缆在古建筑中沿梁、屋檐、墙、柱的明敷

一般电缆截面在 $6mm^2$ 以下，由于钢管敷设在古建筑内施工较为困难，尤其在沿梁、柱、墙的转角处的敷设，外表不美观，不协调。$6mm^2$ 以下的阻燃型铜带电缆明敷，20 世纪 90 年代初，在江南古典园林建筑中应运而生。

2.6.2 电缆施工前的技术准备工作

一、电缆施工图

与电缆安装施工有关的设计施工图包括：设计说明，电气系统图，施工平面图，施工断面图，互连接线图和电缆清册。

（1）设计说明。从设计说明中，可以了解工程的输配电过程、输配电线路及敷设方式的概况，对看懂全部施工图具有指导性作用。

（2）电气系统图。与电缆施工有关的电气系统图包括高压变配电系统图、低压配电系统图、动力配电系统图和照明配电系统图。在系统图上，一般标注有电缆的末端位置；电缆型号、规格和敷设方式；电缆回路编号。

（3）施工平面图。在施工平面图上，指明了电缆敷设的具体路径，包括室外电缆施工平面图和室内电缆施工平面图。施工中应严格按照设计施工图中规定的路线施工。

（4）施工断面图。施工断面图也叫施工详图。常见的详图有：直埋地沟电缆敷设详图、地沟支架及电缆敷设详图等。

（5）电气互连接线图。电气互连接线图是反映电气设备（或部件、元件等）与电气设备（或部件、元件等）之间的电线或电缆连接及接线的电气图纸。在互连接线图上，表达了设备之间联系电缆的型号、规格、敷设方式及回路编号，是电缆敷设（尤其适于控制电缆）的指导性图纸，其作用相当于电气系统图和电气接线图。

（6）电缆清册。电缆清册也称电缆表，它以表格形式反映了建筑区内全部电力电缆和控制电缆；在清册中标明每根电缆的编号、型号、截面、起讫点及长度，用于与其他电缆施工图核对，指导电缆工程施工；同时电缆清册也可作为施工图预算和施工及用料订购计划的参考依据。

二、电气安装标准图集

电气安装标准图集是电气设备、部件、元件及材料安装施工的标准做法图集。包括国家颁布的有关电气安装图集和地方及设计单位自行编制的电气安装图集。

三、制定电缆工程的施工方案

在施工方案上，除阐述技术措施和质量要求外，还应阐述安全注意事项。

电缆工程的施工技术措施主要包括：电缆敷设方法、电缆头的做法及对环境条件的要求。

2.6.3 电缆工程的技术质量要求

无论电缆敷设采用何种方式,都应符合以下技术质量要求:

(1) 电缆线路的安装应按已批准的设计进行施工。如因客观环境条件原因,或是由于设计本身存在的问题,需要在施工中对设计予以修改时,应征得设计单位书面修改意见的答复后,才可以修改原设计。

(2) 安装工程中所采用的电缆及电缆附件(如终端附件等),均应符合国家现行技术标准的规定,并应有合格证明文件。

(3) 对重要的施工项目或工序,应事先制定安全技术措施。

(4) 电缆及其附件安装用的钢制紧固件应用热镀锌制品。

(5) 电缆在运输装卸过程中,不应使电缆及电缆盘受到损伤。严禁将电缆盘直接由车上推下,电缆盘不应平放运输或平放储存。

(6) 在运输中滚动电缆时,或者在敷设电缆而滚动电缆盘时,电缆盘的滚动方向应顺着电缆盘上箭头方向或顺着电缆缠绕方向。

(7) 电缆及其附件到达现场后,应按下列要求及时进行检查:

1) 电缆及其附件的技术文件应齐全。

2) 电缆的型号、规格、长度应符合设计要求;附件应齐全。

3) 电缆封端应严密,电缆内部不应受潮,当外观检查对电缆的密封防潮产生怀疑时,应进行受潮判断和试验。

(8) 存放电缆及附件时,应符合下列要求:

1) 存放电缆的地基应坚实,当受条件限制时,在电缆盘下应加垫。存放处不应有积水现象。

2) 电缆应集中并分类存放,在电缆盘上应标明该电缆的型号、规格、电压等级和电缆长度。

3) 电缆附件的绝缘材料的防潮包装应密封良好,并应根据材料性能及保管要求进行存储和保管。

4) 防火涂料、防火堵料及包装带等防火材料,应根据材料的性能和保管要求储存、保管。

需要说明的是以上所述的电缆附件是指构成电缆终端头,电缆中间接头及电缆封端的一切有关材料。

(9) 电缆敷设时,在转弯处应保证足够的弯曲半径,以防损伤电缆的内部结构。电缆的最小弯曲半径应符合表 2-5 的规定。

(10) 电缆敷设,不应使电缆在支架或地面上摩擦拖拉。

电缆最小弯曲半径 表 2-5

电缆型式		多芯	单芯
控制电缆		$10D$	
橡皮绝缘电力电缆	无铅包、钢铠护套	$10D$	
	裸铅包护套	$15D$	
	钢铠护套	$20D$	
聚氯乙烯绝缘电力电缆		$10D$	
交联聚乙烯绝缘电力电缆		$15D$	$20D$

注:表中 D 为电缆外径。

（11）用机械敷设电缆时，最大牵引强度应符合表2-6的规定，牵引的速度不宜超过15m/min。在复杂的路径上敷设时，应适当降低敷设的速度。

电缆最大牵引强度（N/mm²）　　　　表2-6

牵引方式	牵引头		钢丝网套		
受力部位	铜芯	铝芯	铅套	铝套	塑料护套
允许牵引强度	70	40	10	40	7

（12）塑料绝缘电缆应有可靠的防潮封端处理，防止由于潮汽使绝缘强度降低及钢铠装锈蚀，防止由于潮汽影响电缆的使用寿命。

（13）电缆敷设时，应排列整齐，不宜交叉，并应加以固定。电缆的固定应符合下列要求：

1）下列地方应予以固定：

垂直敷设或超过45°倾角敷设的电缆，属于支架敷设时，应在每个支架上固定，属于桥架敷设时，桥架内的电缆应每隔2m予以固定。

水平敷设的电缆，在电缆首末两端及转弯，电缆接头的两端处应予以固定；电缆成排成列敷设对间距有要求时，应每隔5～10m予以固定。单心电缆的固定应符合设计要求。

2）交流单芯电缆的固定金属件不应成闭合磁路，以免产生较大的涡流现象使其与电缆受热。

2.6.4 直埋电缆工程的施工

一、开挖电缆沟

开挖电缆沟时,应做好施工前的准备工作,包括:

(1) 了解现场到货电缆长度。

(2) 勘察敷设线路。了解地面及地下障碍物;了解管道专业地沟的位置、大小与标高;根据电缆长度确定中间电缆接头的位置。

(3) 确定电缆施工方案。主要包括过道路、管沟及地下建筑表面等施工方法,以及人孔井的设置和保护管的加工及敷设后的封堵等。

由于电缆接头处是电缆线路运行时最容易出故障的地方,因此中间电缆接头的位置应放在易于维修的地方。接头位置不宜放在不方便开挖和影响景观的位置。

电缆沟的开挖宽度和深度等,如果设计图中有电缆敷设地沟详图时,应依照设计宽度用白灰放线和开挖;如果设计图中没有详图时,即按国家现行施工及验收规范要求,10kV及以下电力电缆之间最小净距离应不小于100mm,电力电缆与控制电缆之间的最小净距离不小于100mm,控制电缆之间最小净距离应不小于50mm。

开挖电缆沟,遇到转弯处时,应挖成圆弧状,以便保证电缆敷设时有足够的弯曲半径。

电缆沟的深度宜为900mm左右,以保证电缆表面深度不小于700mm的要求。

二、预埋电缆保护管

直埋电缆敷设在下列部位处应有穿管保护电缆：

(1) 电缆遇到有行车要求的道路。应穿钢管或水泥管保护。电缆保护管的两端宜伸出道路两边各 2m，伸出排水沟 0.5m。

(2) 直埋电缆进入电缆沟、隧道、人孔井等时，应穿在管中。

(3) 电缆需从直埋电缆沟引出地面（如引到电杆上）时，为防止机械损伤，在地面上 2m 一段应用金属管加以保护，保护钢管应深入地面以下 0.1m 以上。

电缆保护管的加工和敷设应按以下要求施工：

1) 钢管电缆保护管的内径不应小于电缆外径的 1.5 倍，其他材料的电缆保护管内径应不小于电缆外径的 1.5 倍再加 100mm。

2) 电缆保护钢管的管口应无毛刺和尖锐棱角，管口宜作成喇叭形；外表涂防腐漆或沥青，镀锌钢管锌层剥落处也应涂防腐漆。

3) 电缆保护管的埋设深度应不小于 0.7m；在人行道下敷设时，应不小于 0.5m。

4) 直埋电缆保护管引进电缆沟、隧道、人孔井及建筑物时，管口应加以封堵，以防渗水。管口封堵的方法，可以在管口填以油麻，然后在管口内浇注沥青，或者用水泥白灰等将管口堵严。

三、电缆间、电缆与管道、道路、建筑物间平行和交叉时最小净距

见表 2-7。

电缆间、电缆与管道、道路、建筑物间最小净距　表 2-7

项目		最小净距（m）	
		平行	交叉
电力电缆间及其控制电缆间	10kV 及以下	0.10	0.50
	10kV 及以上	0.25	0.50
控制电缆间		—	0.50
不同使用部门的电缆间		0.50	0.50
热管道（管沟）及热力设备		2.0	0.50
可燃气体及易燃液体管道（沟）		1.0	0.50
其他管道（管沟）		0.50	0.50
公路及公园主路		1.50	1.0
杆基础（边线）		1.0	1.0
建筑物基础（边线）		0.60	—
排水沟		1.0	—

四、敷设电缆

首先应将直埋用的电缆沟铲平夯实，再铺一层厚度不小于 100mm 的砂层或软土。

将电缆盘放置于在电缆沟的一端附近，如果电缆沟地里有高差，电缆盘宜放在较高的一端且平整处，并用放线架将电缆盘稳定且水平地抬起，要求电缆盘被架起后转动应灵活。然后从盘的上端引出电线，用人工或机械方法向指定方向牵引。无论何种牵引方法，都应将电缆抬离地面，不得在地上

拖拉电缆，电缆抬离地面的方法可采用人力将电缆抬起，也可以将电缆放在滚轮上，滚轮应每隔 1.5～2m 放置一个。

用机械牵引电缆时，机械的牵引速度应缓慢，不宜超过 15m/min，如果路径较复杂时，应适当降低牵引速度。

当所需敷设的各条电缆都放进电缆沟时，应对各条电缆进行整理并应符合表 2-7 所列的间距要求。

电缆应整理整齐，不宜相互交叉重叠，以便于电缆的散热。在中间接头处和终端处应留有余量。

电缆整理好后，应立即进行中间电缆头和终端头的连接，连接方法可参照说明书的做法。连接完后，对电缆进行绝缘耐压试验，确认没有问题时，可对电缆进行封闭覆盖。并请建设单位和监理方作隐蔽验收。

电缆覆盖时，和下部一样，上部也应铺 100mm 厚的砂层或软土层，并加盖保护盖板。盖板可采用混凝土预制盖板或砖块覆盖，宽度应超过电缆两侧各 50mm。

在电缆上下部所铺的砂子或软土中不应有石块或硬杂物，以免伤及电缆。经隐蔽验收合格后，可以向电缆沟内回填土，并分层夯实。

在回填土时，应在电缆沟的下列位置设置电缆标志桩或方位标志：

1) 在直线段每隔 50～100m 处；

2) 电缆接头处、转弯处、进入建筑物处；

3) 当设置有人孔井时，也应设置标志桩。

标志桩应埋设在电缆沟的中心，为预制混凝土结构。

在电缆标志桩上应注明电缆线路编号。无编号时，应写明电缆型号、规格及起讫地点。

标志桩规格宜统一。

2.6.5 铜带阻燃型电缆在古建筑内明敷

进入建筑内的分支线路都通过户内配电箱配出，由于古建筑是砖木结构，为固状可燃物质，所以电气管线的敷设应按火灾危险环境要求考虑安装，配管穿线虽然安全，但在沿梁、柱、屋檐下转弯等处，要把配管按建筑外轮廓线要求制作较为困难，这样使明敷的配管很不美观。

使用铜带阻燃型电缆解决了沿梁、柱等屋架下敷设外观不美观，施工难度大的问题。在室内的分支配线截面一般都在 $6mm^2$ 以下，在沿砖墙部分敷设仍可按暗配管方式敷设。在木屋架部分，采用铜带阻燃型电缆明敷的方式，用钢质卡子固定电缆，固定间距：平线不大于 0.5m，分支支线不大于 0.3m，另在电缆拐弯处也应采用钢质卡子固定。并应涂刷与建筑相同颜色的油漆或涂料。

部分沿柱垂直敷设的电缆，也可以在木柱上开槽把铜带阻燃型电缆嵌入槽内，用面漆腻子将槽隙填实，然后涂刷与柱子同样颜色的油漆和涂料。

电缆金属外皮不得做中性线，但应与保护线可靠连接。

明暗管线的过渡连接：由于在砖墙内采用暗配管线方式，在与明配管线的连接处，可通过暗配接线盒与明配接线盒的重叠安装解决了明暗管线过渡连接问题。

第3章 保护电气的合理选配

3.1 导线截面的选配

导线就其安装方式可分为架空线路、电缆线路、室内外配电线路、穿管线路等，就其用途分为母线、干线和支线。由于导线安装方式不同，在导线截面的选配中要考虑导线的机械强度、负荷发热条件下的安全载流量、线路的电压损失。导线的机械强度主要考虑的是在架空线路中导线本身的重量产生的拉力以及风雪的负荷，还有热胀冷缩所产生的内应力。导线的机械强度的安全系数不宜低于2.5~3.5。按照机械强度的要求，低压接线户的最小截面见表3-1所列数值，室内外线路与穿管敷设线路的绝缘导线最小允许截面见表3-2所列数值。

低压接线户的最小截面　　　　表3-1

接户线架设方式	档距（m）	最小截面（mm²）	
		绝缘铜线	绝缘铝线
自电杆上引下	10以下	4	6
	10~25	6	10
沿墙敷设	6及以下	4	6

绝缘导线最小允许截面（mm²）　　　　　表 3-2

序号	用途及敷设方式	铜芯软线	铜线	铝线
1	照明用灯头线			
	1. 室内	0.4	1.0	2.5
	2. 室外	1.0	1.0	2.5
2	移动式用电设备			
	1. 生活用	0.75		
	2. 生产用	1.0		
3	架设在绝缘支持件上的导线其支持点间距			
	(1) 2m 及以下（室内）		1.0	2.5
	(2) 2m 及以下（室外）		1.5	2.5
	(3) 6m 及以下		2.5	4
	(4) 15m 及以下		4	6
	(5) 25m 及以下		6	10
4	穿管敷设的绝缘导线	1.0	1.0	2.5
5	塑料护套线沿墙明敷		1.0	2.5
6	板孔穿线敷设的导线		1.5	2.5

除机械强度要求外，导线、电缆的截面还要满足发热条件。电流通过导线时将会发热，使导线温度升高。裸导线温度过高，接头处氧化加剧，接触电阻增加，使此处温度进一步升高，氧化更加剧，甚至发展到烧断。绝缘导线和电缆的温度过高时，可使绝缘损坏，甚至引起火灾。为保证安全可靠，导线和电缆的正常发热温度不能超过其允许值。电缆电线的长期允许最高工作温度和短路时的允许最高温度见表3-3，或者说通过导线的计算电流或正常运行方式下的最大负荷电流应当小于它的允许载流量，表3-4～表3-6罗列了聚氯乙烯电线、电缆的最大允许载流量，该电流一般由试验求得。导线和电缆允许的最大电流除取决于截面积外，还与其材料、结构、敷设的方式有关，本表是在给定的基本条件下确定的，当实际敷设条件不同于基准条件时，应对载流量

表中的载流量数据进行校正。电缆敷设于支撑架上，由于多根电缆相互热的影响，载流量应乘以校正系数，其值见表3-7；电缆成束敷设于托架、托盘或塑料框槽中载流量的校正系数与电缆排列层数、每根电缆的负荷状况及同时工作系数等有关，表3-8列出了0.6/1kV及以下的电缆成束敷设的载流量校正系数参考值。对于供电照明、电热、动力配电干线和分支线路应按下述方法选择或校验导线截面：

电线电缆线芯的长期允许最高工作温度和短路时允许最高温度表　　表3-3

类型	导体长期允许最高工作温度		短路时允许最高温度（℃）
	额定电压（kV）	温度（℃）	
电缆	0.1/6~6/1.0	70	160/140
橡皮电缆	0.45/0.75	65	200 天然橡胶
塑料电线	0.45/0.75	70	160/140
橡皮电线	0.45/0.75	65	200 天然橡胶

聚氯乙烯绝缘导线明敷的载流量（A）　　表3-4

截面（mm²）	BLV 铝心				BV、BVR 铜心			
	25℃	30℃	35℃	40℃	25℃	30℃	35℃	40℃
1.0					19	17	16	15
1.5	18	16	15	14	24	22	20	18
2.5	25	23	21	19	32	29	27	25
4	32	29	27	25	42	39	36	33
6	42	39	36	33	55	51	47	43
10	59	55	51	46	75	70	64	59
16	80	74	69	63	105	98	90	83
25	105	98	90	83	138	129	119	109
35	130	121	112	102	170	158	147	134
50	165	154	142	130	215	201	185	170
70	205	191	177	162	265	247	229	209
95	250	233	216	197	325	303	281	257
120	285	266	246	225	375	350	324	296
150	325	303	281	257	430	402	371	340
185	380	355	328	300	490	458	423	387

3.1 导线截面的选配

表 3-5 聚氯乙烯绝缘导线穿钢管敷设的载流量(A) $Q_e = 65℃$

截面 (mm^2)	二根单芯				管径(mm)		三根单芯				管径(mm)		四根单芯				管径(mm)	
	25℃	30℃	35℃	40℃	G	DG	25℃	30℃	35℃	40℃	G	DG	25℃	30℃	35℃	40℃	G	DG
BV铜芯 1.5	19	17	16	15	15	15	17	15	14	13	15	15	16	14	13	12	15	15
2.5	26	24	22	20	15	15	17	15	14	13	15	15	22	20	19	17	15	15
4	35	32	30	27	15	15	31	28	26	24	15	15	28	26	24	22	15	20
6	47	43	40	37	15	20	41	38	35	32	15	20	37	34	32	29	20	25
10	65	60	56	51	20	25	57	53	49	45	20	25	50	46	43	39	25	25
16	82	76	70	64	25	25	73	68	63	57	25	25	65	60	56	51	25	32
25	107	100	92	84	25	32	95	88	82	75	32	32	85	79	73	67	32	40
35	133	124	115	105	32	40	115	107	99	90	32	40	105	98	90	83	32	(50)
50	165	154	142	130	32	50	146	136	126	115	40	(50)	130	121	112	102	50	(50)
70	205	191	177	162	50	50	183	171	158	144	50	50	165	154	142	130	50	
95	250	233	216	197	50	50	225	210	194	177	50		200	187	173	158	70	
120	290	271	250	229	50	50	260	243	224	205	50		230	215	198	181	70	
150	330	308	285	261	70	50	300	280	259	237	70	(50)	265	247	229	200	70	
185	380	355	328	300	70		340	317	294	268	70	50	300	280	259	237	80	

聚氯乙烯绝缘电力电缆直埋地敷设的载流量(A)　表3－6

Qe = 65℃

主线心截面 （mm²）	中性线截面 （mm²）	1kV（四芯）			6kV（三芯）		
		20℃	25℃	30℃	20℃	25℃	30℃
4	2.5	39	37	35			
6	4	51	48	45			
10	6	68	64	60	67	63	59
16	6	90	85	79	87	82	77
25	10	118	111	104	111	105	98
35	10	152	143	134	141	133	125
50	16	185	175	164	175	165	155
70	25	224	211	198	212	200	188
95	35	270	254	238	252	237	222
120	35	308	290	272	287	271	253
150	50	346	327	306	328	310	290
185	50	390	369	346	369	348	325
240					431	406	380

电缆在空气中并列敷设时的载流量校正系数　表3－7

根数 排列方式 中心距 S(mm)	1	2	3	6	4	6	8	9	12
	o	oo	ooo	oooooo	oo oo	ooo ooo	oooo oooo	ooo ooo ooo	oooo oooo oooo
S = d		0.85	0.8	0.7	0.7	0.7	—	—	—
S = 2d	1	0.95	0.95	0.9	0.9	0.9	0.85	0.8	0.8
S = 3d		1	1	0.95	0.95	0.95	0.9	0.85	0.85

电缆成束缚设于托架、托盘或塑料框槽中载流量校正系数（参考值）　表3－8

电缆层数	同时工作系数		
	1	0.8	0.5
1	0.64	0.8	0.96
2	0.5	0.75	0.9
3	0.45	0.7	0.85
4	0.4	0.65	0.8

注：同时工作系数指一电缆束中有负荷的电缆根数与总的电缆根数之比（负荷电缆指通有额定电流的发热电缆，信号电缆除外）。

(1) 对于照明及电热负荷,导线的安全载流量不小于所有电气的额定电流之和。

(2) 对于动力负荷,当使用一台电动机时,导线的安全载流量不小于电动机的额定电流;当使用多台电机时,导线的安全载流量不小于容量最大的一台电动机的额定电流加上其余电机的计算负荷电流。

对于配电线路还应考虑在负荷电流通过线路时不超过允许电压损失,在低压配电线路中,从配电变压器二次侧出口到线路末端(不包括接户线)的电压损失,一般为额定配电电压的(220V、380V)的4%。

3.2 断路器

低压断路器又称自动空气开关,是当电路中发生过载、短路和欠压(电压过低)等不正常情况时,能自动分断电路的电气。由于自动空气开关具有可以操作、动作值可以调整、分断能力较高以及动作后不需要更换零部件等优点,因而得到广泛的应用。在古建筑内一般使用1-125A小型低压断路器。

断路器的主要性能指标有以下三项:

(1) 通断能力(分断能力):是开关在指定的使用、工作条件和规定的电压下,能接通和分断的最大电流值(交流为有效值)。如DZ20型断路器分断电流最大可达25kA,C45N型最大达6kA,NC100H型为10kA。

(2) 额定电流:额定电流可用"断路器额定电流"及

"断路器壳架等级额定电流"这两个名称来表示。断路器额定电流 I_n 是指脱扣器允许长期通过的电流,即脱扣器的额定电流。对可调试脱扣器则为脱扣器允许长期通过的最大电流。断路器壳架等级额定电流 I_{nm} 表示每一壳架或框架中所能装的最大脱扣器的额定电流,亦即过去称的断路器额定电流。

(3) 保护特性:又称脱扣特性。分为过电流保护、过载保护和欠电压保护 3 种。

过电流保护由过电流脱扣器来实现。它具有所谓"三段保护特性"脱扣器,即具有长延时、短延时及瞬时脱扣器的过电流保护。瞬时脱扣器一般用作短路保护;短延时脱扣器可作短路保护,也可作过载保护;长延时脱扣器只作过载保护。根据保护要求可以组合成二段保护(瞬时脱扣器加短延时脱扣,或瞬时脱扣加长延时脱扣),也可只有一段保护(瞬时脱扣或短延时脱扣)。

复式脱扣器包括电磁脱扣器和热脱扣器两种。电磁脱扣器具有瞬时特性,可作短路保护。热脱扣器具有长延时性,可作过载保护。所以复式脱扣器具有二段保护特性,选用时必须了解其特点和性能。

在具体的使用过程中,选择好低压配电短路整定值是保护好电气线路的关键。下面对如何确定各种保护整定值作一介绍。

3.2.1 断路器额定电流的确定

断路器壳架等级额定电流(指塑壳或框架中所安装的最大过电流脱扣器的额定电流)I_{nm} 和断路器额定电流(指过电

流脱扣器额定电流）I_n 由下式确定：

$I_{nm} \geq I_B$；　　$I_n \geq I_B$

式中　I_B——线路的计算负荷电流。

3.2.2　长延时整定

配电用长延时过电流整定电流为：

$I_r \geq K_1 I_B$；　　$I_r \geq I_z$

式中　K_1——断路器长延时可靠系数，考虑断路器电流误差，取 1.1；

　　　I_B——线路的计算负载电流；

　　　I_z——导体的允许持续载流量。

3.2.3　短延时脱扣器的整定

短延时脱扣器的整定从以下三个方面考虑：

一、整定电流

配电用低压断路器短延时的整定电流，应躲过短时间出现的负荷尖峰电流，即：

$$I_m \geq K_z (I_{qm1} + I_{B(n-1)})$$

式中　K_z——断路器短延时可靠系数，取 1.2；

　　　I_{qm1}——线路中最大一台电动机的启动电流；

　　　$I_{B(n-1)}$——除启动电流最大的一台电动机以外的启动电流。

二、动作时间的确定

短延时动作时间主要用于保证保护装置的选择。低压断路器短延时整定时间可分 0.1s，0.2s，0.3s，0.4s，根据需要确定动作时间，上下级级差取 0.1~0.2s。

三、瞬动保护脱扣器的整定

配电用低压断路器的瞬动整定电流，应躲过配电线路的尖峰电流即：$I \geq K_3 (I'_{qm1} + I_{B(n-1)})$

式中　K_3——断路器瞬时脱扣器可靠系数，考虑到电动机启动误差，取 1.2；

　　　I'_{qm1}——线路中最大一台电动机的全启动电流，它包括了周期分量，其值为电动机启动电流的 2 倍；

　　　$I_{B(n-1)}$——除启动电流最大的一台电动机以外的线路计算电流。

为满足被保护线路各级间的选择性要求，选择性短路器瞬时脱扣器电流整定值 I 还需躲过下一级开关所保护的线路发生故障时的短路电流，或检查上下级间的能量选择性。

非选择性断路器瞬时脱扣电流整定值，只要躲过回路的尖峰电流即可，而且应尽可能整定得小一些。

四、照明用低压断路器脱扣器的整定

照明用断路器长延时和瞬动可靠系数，取决于电光源启动状况和断路器特性，取值见表 3-9。

照明用断路器长延时和瞬动过电流脱扣器可靠系数　　表 3-9

可靠系数	白炽灯、荧光灯、卤钨灯	高压水银灯	高压钠灯金属卤化物灯
K_1	1.0	1.1	1.0
K_3	4~7	4~7	4~7

五、按短路电流校验断路器动作的灵敏性

为使断路器可靠切断接地故障电路,必须按下式校验断路器动作的灵敏性:

$$I_{k\,min} \geqslant K_s I,$$

$$I_{k\,min} \geqslant K_s I_m$$

式中 $I_{k\,min}$——被保护线路末端最小短路电流,对 TN 系统为相—中(N)或相—保(PE)短路电流;

I,I_m——断路器的瞬动整定电流和短延时整定电流;

K_s——低压断路器动作可靠系数,取 1.2。

断路器整定值除满足上述原则外,其整定值的选取还需考虑级间的配合。

3.3 漏电保护器

漏电保护装置就是我们平时所说的漏电保护器,是指在指定条件下被保护电路中的漏电电流到达预定值时能自动断开电路或发出报警信号的装置。它是漏电保护(自动)开关(亦称漏电开关)、漏电断路器、漏电报警器以及移动式漏电插头座(或过渡插接件)的总称。一般适用于 1000V 以下的低压电网。

漏电保护器主要是提供间接接触防护;当额定漏电动作电流不超过 30mA、动作时间不大于 0.2 秒的高灵敏度快速型漏电保护器在其他防护措施失效时,也可作为直接接触的补充防护,但不能作为唯一的直接接触防护。其功能主要是用

来在低压电网发生接地故障时对有危险的以及可能致命的触电提供防护，还可能防止由漏电引起的触电事故和火灾事故，又能起到降低线损和保护设备的作用。

3.3.1 装置分类及工作原理

一、装置分类

漏电保护装置种类很多，按反应信号的种类不同，一般可分为电压动作型和电流动作型两大类。

简易式电压动作型漏电保护装置分有单极式和双极式两种，前者是用一个简单的检测机构直接带动一个判断机构的脱扣器装置来控制主回路的执行机构（如开关等）；后者通过一个灵敏继电气触点来控制主接触器之类的执行机构。

电流动作型漏电保护器装置又可分为直接式和间接式两种。两者不同之处是：直接式没有控制回路（图3-1中虚线部分），检测机构输出信号直接送至判断机构，其他均和间接式一样。

若设备漏电时，一般会出现两种异常现象：一是电气设备正常时不应带电的外露导电部分出现对地电压；二是三相电流的平衡遭到破坏，出现零序电流。漏电保护装置就是通过检测机构得到这种异常信号，经过中间环节的转换和传递，由判断机构驱动主回路的执行机构而切断电源或发出报警信号。有时异常信号很微弱，中间还需要增设放大环节。漏电保护装置的工作原理图如图3-1所示。

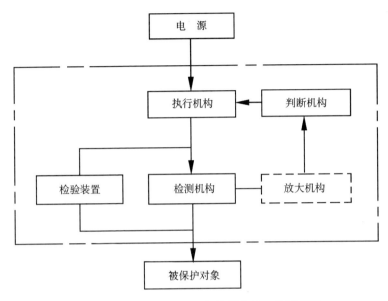

图 3-1 电流动作型漏电保护器装置工作原理图

其中校验装置为模拟接地电流的部件，是由限流电阻和检验按钮相串联，同时接于一次回路并穿过零序电流互感器之前与之后的不同极上。

二、电流动作型漏电保护装置工作原理

电流动作型漏电保护装置的工作原理是：当线路、用电设备、人或牲畜等被保护对象发生漏电、触电或其他接地故障时，由漏电或触电引起的接地故障所产生的接地电流，通过大地返回变压器中性点，经检测机构，将电流环绕铁心一次回路的激磁电流所产生的磁通，感应到二次回路。当接地电流超过预定值时，通过判断机构的漏电脱扣器驱动主回路中的执行机构而切断电源，从而达到防止漏电或触电的目的。

电流动作型漏电保护装置分为电磁式和电子式两种。

(1) 电磁式电流动作型漏电保护装置

电磁脱扣式零序电流型漏电保护装置的漏电脱扣器，是以极化电磁铁为中间环节，由电源线穿过环形的零序电流互感器为互感器的原边，与极化电磁铁连接的为副边。

在单相电路中，如图 3-2 (a) 中所示，若电路处于正常工作状态，则穿过装置零序电流互感器的和大小相等，但方向相反，在互感器环型铁心中所产生的磁通量相互抵消，因而互感器的副边线圈不产生感应电势，漏电保护装置处于正常供电状态。当负载侧有漏电故障或触电事故时，两个电流就不相等，互感器铁心中就有磁通量，副边线圈就产生感应电势，脱扣线圈中就有交流电流，由衔铁和铁心组成的磁路中就出现交变磁通。当衔铁内交变磁通的方向和永久磁铁所产生的直流磁

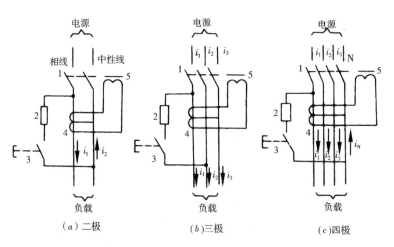

图 3-2 电磁式电流动作型漏电保护装置线路图
1-主开关；2-限流电阻；3-检验按钮；4-零序电流互感器；5-漏电脱扣器

通方向相反，且铁心对衔铁的吸力小于弹簧对衔铁的应力时，衔铁立即动作使主开关断开，从而切除故障电路。

在三相电路中如图 3-2（b）（c）所示，若电路处在正常工作时，则穿过其零序电流互感器的电流 i_1、i_2 和 i_3 的向量和为零，这时互感器环形铁心中无磁通，副边线圈中无感应电势。当负载侧有漏电事故时，i_1、i_2 和 i_3 三相的向量和就不等于零，互感器环形铁心中就有磁通，副边线圈就产生感应电势。从而使主开关断开，切除故障电路。

由于电磁式电流动作型漏电保护装置，具有使用元件较少、结构较简单、承受过电流冲击和过电压冲击的能力较强，以及在主电路缺相时仍能起保护作用等特点，目前使用较为普遍。

（2）电子式电流动作型漏电保护装置

电子式电流动作型漏电保护装置线路如图 3-3 所示，当发生漏电或触电时，零序电流互感器将漏（触）电信号传给电子放大器，经放大后再给漏电脱扣器，驱使主开关切除故障电流。

3.3.2 漏电保护器的技术参数

电流动作型漏电保护装置的技术参数在国家标准《漏电电流动作保护器（剩余电流动作保护器）》（GB6829）中都有规定，其主要参数如下：

一、额定频率（f_n）

额定频率为交流 50Hz

二、额定电压（U_n）

额定电压的优选值为 220，380（V）

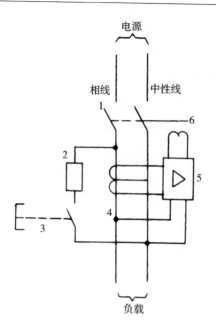

图 3-3 电子式电流动作型漏电保护装置线路图
1-主开关；2-限流电阻；3-检验按钮；
4-零序电流互感器；5-电子放大器；6-漏电脱扣器

三、额定电流（I_n）

额定电流为：6，10，16，20，25，32，40，50，(60)，63（80），100（125），160，200，250（A）。

四、额定漏电动作电流（$I_{\Delta n}$）

额定漏电动作电流为：0.006，0.01（0.015），0.03（0.05），（0.075），0.100（0.200），0.300，0.500，1.000，3.000，5.000，10.000，20.000（A）。其中，0.03A 及以下的为高灵敏度；0.03A 以上至 1A 的为中灵敏度。1A 以上的为低灵敏度。

五、额定漏电不动作电流（$I_{\Delta no}$）

为了避免误动作，其额定漏电不动作电流不宜低于额定漏电动作电流的二分之一。

六、分断时间（t_Δ）

电流动作型漏电保护装置的分断时间决定于保护要求，可以分为三种类型：

(1) 快速型：最大分断时间不超过 0.2s。

1）直接接触补充防护用电流动作型漏电保护装置的最大分断时间，如表 3-10 所示。

直接接触补充防护用电流动作型漏电保护装置的最大分断时间

表 3-10

$I_{\Delta n}$ (A)	I_n (A)	最大分断时间（s）		
		$I_{\Delta n}$	$2I_{\Delta n}$	0.25A
≤0.03	任何值	0.20	0.10	0.04

2）间接接触防护用电流动作型漏电保护装置的最大分断时间，如表 3-11 所示。

间接接触防护用电流动作型漏电保护装置的最大分断时间

表 3-11

$I_{\Delta n}$ (A)	I_n (A)	最大分断时间（s）		
		$I_{\Delta n}$	$2I_{\Delta n}$	$5I_{\Delta n}$
>0.03	任何值	0.20	0.10	0.04
	40*	0.20	—	0.15

注：*适用于漏电保护组合器。

(2) 延时型：延长时间的优选值为：0.2，0.4，0.8，1.0，1.5，2.0（s）；额定漏电动作电流在30mA以上的，只适用于间接接触防护。

(3) 反时限型：可按电流通过人体的效应特性来考虑。

3.3.3 漏电保护器的选用与安装

当发生漏电（触电）事故时，要求漏电保护装置动作能确保人、牲畜、电气设备和线路等安全。如果对漏电保护装置选择不当，则有可能造成漏电（触电）时的拒动或者没有漏电（触电）时的误动作，所以对不同电路必须根据接地故障引起的事故种类、供电方式、负载性质以及使用环境等外界因素来选择合适的漏电保护装置。

对于接地故障引起的事故种类，一般按其接地电流分为如表3-12所示的三种情况。

接地故障的接地电流　　　　表3-12

事故种类	接地电流
人体触电 漏电火灾 线路设备损坏	数毫安电流 约100mA以上 数安以上

一、选用

选用时，应考虑如下几个问题：

(1) 按供电方式选用，首先要考虑电源是交流的还是直流的。如是交流线路还应考虑是接地还是不接地系统。同时还要考虑保护关系。如不符合供电方式的要求，将招致其功能的破坏，或发生漏电或触电事故时不动作。

（2）按额定电压选用，在选用漏电保护装置时，应考虑额定电压的要求，否则会因线路电压过高而可能引起装置的误动甚至被破坏，或因电压过低而可能造成其拒动。

（3）按负载性质选用。在选用漏电保护装置时，需考虑其额定电流应不小于负载性质不同的实际负载电流。常见的用电负载一般为电热器、电动机、电焊机等动力负载与照明负载。

（4）按保护目的选用，在分支线路离设备和操作者最近的场合，往往是用于预防触电而设置，一般应采用额定电流动作电流不超过30mA，动作时间不大于0.2s的高灵敏快速型漏电保护装置，若以防止触电为目的而与接地一起使用可采用中灵敏快速型的；若以防止设备烧坏和漏电火灾为目的，应使用中灵敏延时型的。

（5）按安装场所与使用环境选用，对于不同场所，可采用移动式。对于不同环境可选择户内型或户外型、防腐蚀型、防尘型、防溅型（包括分支线路的末端插座）等；在无腐蚀性、无爆炸性气体、无冲击和振动、无显著尘埃和雨雪侵袭、相对湿度不大于90%、周围温度在 -5～40℃的环境中，可选择普通型漏电保护装置；在不能停电的场所，宜安装漏电报警装置。

（6）按线路的协调配合选用，不论照明线路还是动力线路，均宜采用分级保护方式，但必须注意分支和干线之间的协调配合。在选定漏电保护装置的额定漏电动作电流和分断时间时，要有一定的选择性。在选定漏电保护装置的极数时，必须不低于线路的线数。

二、安装

（1）安装场所　在下列场所应优先采用漏电保护装置。

1）新、改、扩建工程和重大更新项目可使用各类低压用电设备、插座以及现有的用电设施或用电设备，对触电、防火要求较高的场所和触电危险性大的用电设备，均应安装漏电保护装置。

2）对要新安装的动力、照明配电箱，应优先采用带漏电保护装置的电气设备。

3）建筑施工场所、临时线路的用电设备以及移动式用电设备必须安装漏电保护装置。

4）对潮湿的场所其用电设备必须安装独立的漏电保护装置。

必须指出，在应采用安全用电压的场所不得用漏电保护装置代替。

（2）安装位置　漏电保护装置在用电线路里的位置，除了装在电气设备内的情况，原则上须装在分电盘的电源侧或分电盘内。

安装在电源进户处时，可装在电度表或总闸刀（隔离开关）的后面，安装前应先断开电源。

（3）安装方向　漏电保护装置一般安装在相对垂直的竖向或横向上。应注意，具有过电流脱扣特性的接地保护兼过载和短路的电磁式漏电保护装置，会随着安装角度的不同而影响其产品性能。

(4) 安装接线　电源接线应接在漏电保护装置的上方，即外壳标有"电源"或"进线"的一方；出线应接在下方，即标有"负载"或"出线"的一方。

对于单相三极或三相四极产品，中性线要连接在产品指定极上。

端子是漏电保护装置与电源、负载线路连接的地方，连接必须可靠。若连接不牢，将会产生异常发热。

(5) 安装方法　通有工作电流的导线（包括工作零线在内），均应通过漏电保护装置的零序电流互感器。但必须注意的是其工作零线必须采用绝缘导线，并且不能兼作保护零线，否则将会引起误动作；对于通过熔断器的工作零线，也不能兼作保护零线，以免该熔断器断开后电气设备外壳带电。

使用漏电保护装置后，被保护设备的金属外壳，建议仍应采用保护接地或保护接零，以确保安全。

漏电保护装置在投入运行前，必须利用按钮进行动作验证，并且要定期检验，使其处于有效状态。

在环境条件较差的施工现场，操作人员在每次施工前应预先利用检验按钮进行检查试验，确认正常方可使用；对整个配电箱内漏电保护装置的完好情况一般每月检测一次，以便了解其性能有无变化。并将检测情况和数据记录在案，供以后检测作比较。

3.4 低压熔断器

熔断器是一种结构简单、使用方便的保护电气。使用时将它串联在用电设备与电源间的线路中。当线路中用电设备发生短路时，通过熔体的电流达到或超过某一定值，熔体自行熔断，切断故障电流，以保障用电安全。

3.4.1 熔断器的结构和主要参数

熔断器主要由熔体和安装熔体的熔管或熔座两部分组成。熔体是熔断器的主要部分，常做成丝状或片状，熔体的材料有两种：一种是低熔点材料，如铅、锌、锡以及锡铅合金等；另一种是高熔点材料，如银和铜。熔管是熔体的保护外壳，在熔体熔断时兼有灭弧的作用。

每一种熔体都有两个参数，即额定电流与熔断电流。额定电流是指长时期通过熔断器而不熔断的电流值。熔断电流通常是额定电流的两倍。一般规定通过熔体的电流为额定电流的 1.3 倍时，应在 1h 以上熔断；通过额定电流的 1.6 倍时，应在 1h 内熔断；达到熔断电流时，在 30~40s 后熔断；当达到 9~10 倍熔断电流时，熔体应在瞬间熔断，熔断体具有反时限的保护特性。熔断器对过载反应是很不灵敏的，当发生轻度过载时，熔断时间很长，因此熔断器不能作为主要的过载保护装置。

3.4.2 熔断器的选用原则

选用熔断器，一般应符合下列原则：

(1) 根据用电网络电压选用相应电压等级的熔断器；

(2) 熔体的额定电流不可大于熔管的额定电流；

(3) 熔断器的极限分断能力应当高于被保护线路上的最大短路电流；

(4) 应根据实际使用条件确定熔断器的类型，包括选定合适的使用类型和分断范围。一般全范围熔断器（g 熔断器）兼有过载保护功能，主要作电缆、母线等线路保护；而部分范围熔断器（a 熔断器）的作用主要是短路保护。

(5) 瓷插式熔断器的熔体应采用合格的铅锡合金熔丝或铅熔丝，其额定电流的数值参见表 3-13，表 3-14。不得用多根熔丝绞合在一起替代一根较大的熔丝。瓷插式熔断器应垂直安装。螺栓式熔断器的进线应接在底座的中心点上，出线应接在螺纹壳上。

铅熔丝的额定电流　　　　　　　　　　表 3-13

直径（mm）	截面（mm^2）	近似英规线号	额定电流（A）	熔断电流（A）
0.08	0.005	44	0.2	0.5
0.15	0.018	38	0.5	1.0
0.20	0.031	36	0.7	1.5
0.22	0.038	35	0.8	1.6
0.25	0.049	33	0.9	1.8
0.28	0.062	32	1	2

续表

直径（mm）	截面（mm²）	近似英规线号	额定电流（A）	熔断电流（A）
0.29	0.066	31	1	2.1
0.32	0.080	30	1.1	2.2
0.35	0.096	29	1.2	2.5
0.36	0.102	28	1.3	2.7
0.40	0.126	27	1.5	3
0.46	0.166	26	1.8	3.7
0.52	0.212	25	2	4
0.54	0.229	24	2.2	4.5

铜熔丝的额定电流　　　　表 3-14

直径（mm）	截面（mm²）	近似英规线号	额定电流（A）	熔断电流（A）
0.234	0.043	34	4.7	9.4
0.254	0.051	33	5	10
0.274	0.059	32	5.5	11
0.295	0.068	31	6.1	12.2
0.315	0.078	30	6.9	13.8
0.345	0.093	29	8	16
0.376	0.111	28	9.2	18.4
0.417	0.137	27	11	22
0.457	0.164	26	12.5	25
0.508	0.203	25	15	29.5
0.559	0.245	24	17	34
0.60	0.283	23	20	39
0.70	0.385	22	25	50
0.8	0.5	21	29	58
0.90	0.6	20	37	74
1.00	0.8	19	44	88
1.13	1.0	18	52	104
1.37	1.5	17	63	125
1.60	2	16	80	160
1.76	2.5	15	95	190
2.00	3	14	120	240
2.24	4	13	140	280
2.50	5	12	170	340
2.73	6	11	200	400

3.4 低压熔断器

(6) 熔断器的上下级应匹配，一般使上下级熔体的额定值相差两个等级，即能满足动作选择性要求。

(7) 熔断器与被保护导线和变压器应配合，不致在线路短路或过负荷损坏甚至起燃。

(8) 安装时应保证熔体和触刀以及触刀和刀座接触良好，以免因熔体温度升高发生误动作。如果是管式熔断器，应垂直安装。安装熔体时，必须注意不要使它受机械损伤，特别是较柔软的铅锡合金，以免发生误动作。

(9) 当熔体已熔断或者已严重氧化，需要更换熔体时，应注意使新熔体的规格与原来一致，不得使用未注明额定电流的熔体。更换熔体或熔管必须在电路断电后进行。

(10) 在古建筑内严禁使用敞开式熔丝，即严禁装设电弧可能与外界接触的熔断器。

(11) 采用熔断器保护线路时，熔断器应安装在各相线上。在二相三线或三相四线回路的中性线上严禁装熔断器，这是因为中性线断开后会引起电压不平衡，造成设备损坏事故。

在公共电网供电的单相线路的中性线上应装熔断器，电力总熔断器除外。

第4章 古建筑电气装置的施工验收、使用和管理

4.1 线路装置的验收

低压配电线路装置在敷设完工后,应对下列项目进行检查:

4.1.1 各种规定的距离

(1)采用瓷夹板、瓷柱、瓷瓶布线时,绝缘电线至地面的距离应不小于表4-1所列数值。

绝缘电线至地面的最小距离　　　　　表4-1

布线方式		最小距离(m)
水平敷设	室内	2.5
	室外	2.7
垂直敷设	室内	1.8
	室外	2.7

(2)在室内布线时,绝缘电线固定点的间隔距离不应小于表4-2所列数值。

4.1 线路装置的验收

室内布线绝缘电线固定点间最大间距　　表 4-2

布线方式	电线截面（mm²）	固定点最大间距（m）
瓷夹板布线	1~4	0.6
	6~10	0.8
瓷柱布线	1~4	1.5
	6~10	2.0
	16~25	3.0

（3）采用瓷柱、瓷瓶在室内外布线时绝缘电线间的间隔距离不应小于 4-3 所列数值。

室内外布线绝缘电线间的最小间距　　表 4-3

固定点间距（m）	绝缘电线间的最小间距（mm）	
	室内配线	室外配线
1.5 及以下	35	100
1.5~3.0	50	100
3.0~6.0	70	100
6.0 以上	100	150

（4）在与建筑物相关联的室外部位布线时，绝缘电线至建筑物的间隔距离不应小于表 4-4 所列数值。

绝缘电线至建筑的最小间距　　表 4-4

布线方式	最小间距（mm）
水平敷设的垂直距离	
距平台、屋顶	2500
距下方窗户	300
距上方窗户	800
垂直敷设时至窗户的水平距离	750
电线至墙壁、构架的间距（挑檐下除外）	50

(5) 当线路暗配时,埋入建筑物、构筑物内的电线保护管,与建筑物、构筑物表面距离不应小于 15mm。

(6) 进入落地式的配电箱的电线保护管,管口宜高出配电箱基础面 50~80mm。

(7) 暗配的黑色钢管与盒(箱)连接可采用焊接连接,管口宜高出盒(箱)内壁 3~5mm。

(8) 与设备连接的钢管管口与地面的距离宜大于 200mm。

(9) 明配钢管固定点间距应均匀,钢管卡间的最大间距应符合表 4-5 的所列数值;管卡与终端、弯头中点、电气器具或箱盒边缘的距离宜为 150~500mm。

钢管管卡间的最大距离　　　　表 4-5

敷设方式	钢管种类	钢管直径(mm)			
		15~20	25~32	40~50	65 以上
		管卡间最大距离(m)			
吊架、支架或沿墙敷设	厚壁钢管	1.5	2.0	2.5	3.5
	薄壁钢管	1.0	1.5	2.0	—

(10) 钢管与电气设备、器具间电线保护管宜采用金属软管或可挠金属电线保护管;金属软管长度不宜大于 2m。

(11) 金属软管固定点间距不应大于 1m,管卡与终端、弯头中点的距离宜为 300mm。

(12) 明配硬塑料管固定点间距应均匀,管卡间最大距离应符合表 4-6 所规定的数值。管卡与终端、转弯中点、电气器具或盒（箱）边缘的距离为 150～500mm。

硬塑料管管卡间最大距离（m） 表 4－6

敷设方式	管内径（mm）		
	20 及以下	25～40	50 及以上
吊架、支架或沿墙敷设	1.0	1.5	2.0

4.1.2 各种支持件的固定

一、钢管敷设

钢管的连接应符合以下要求：

（1）采用螺纹连接，管端螺纹长度不应小于管接头长度的 1/2；连接后，其螺纹宜外露 2～3 扣。螺纹表面应光滑，无缺损。

（2）采用套管连接时，套管长度宜为管外径的 1.5～3 倍，管与管的对口处应位于管套的中心。管套采用焊接连接时，焊缝应牢固严密；采用紧定螺钉连接时，螺钉应拧紧；在振动的场所，紧定螺钉应有防松动措施。

（3）明配钢管或暗配的镀锌钢管与盒（箱）连接应采用锁紧螺母或护圈帽固定，用锁紧螺母固定的管端螺纹宜外露锁紧螺母 2～3 扣。

二、金属软管敷设

（1）金属软管与设备、器具连接时应采用专用接头，连接处应密封可靠。

(2) 与嵌入式灯具或类似器具连接的金属软管,其末端的固定管卡,宜安装在自灯具、器具边缘起沿软管长度的 1m 处。

三、塑料管敷设

(1) 管与管之间采用套管连接时,套管长度宜为管外径的 1.5~3 倍;管与管的对口处应位于套管的中心。

(2) 管与器件连接时,插入深度宜为管外径的 1.1~1.8 倍。

四、瓷夹板、瓷柱、瓷瓶配线

(1) 瓷夹板、瓷柱或瓷瓶安装后应完好无损,表面清洁、固定可靠。

(2) 导线在转弯、分支和进入设备、器具处,应装设瓷夹板、瓷柱或瓷瓶等支持件固定。

五、塑料护套线敷设

(1) 沿建筑物表面明配线应采用线卡固定,固定点间距应均匀,其距离宜为 150~200mm。

(2) 在终端、转弯和进入盒(箱)、设备或器具处,均应装设线卡固定导线,线卡距终端、转弯中点、盒(箱)、设备或器具边缘的距离宜为 50~100mm。

(3) 接头应设在盒(箱)或器具内,在多尘和潮湿场所应采用密闭式箱盒,盒箱的配件应齐全,并固定可靠。

4.1.3 配管的弯曲半径和盒箱设置的位置

(1) 电线的保护管的弯曲处,不应有褶皱、凹陷和裂缝,弯扁程度不应大于管外径的 10%。

(2) 当线路明配时，管弯曲半径不宜小于管外径的 6 倍；当两个接线盒间只有一个弯曲时，其弯曲半径不宜小于管外径的 4 倍。

(3) 当线路暗配时，管弯曲半径不应小于管外径的 6 倍；当埋设于地下或混凝土内时，其弯曲半径不应小于管外径的 10 倍。

(4) 金属软管弯曲半径不应小于软管外径的 6 倍。

(5) 当电线保护管遭遇下列情况之一时，中间应增设接线盒或拉线盒，且接线盒的位置应便于穿线：

1) 管长度每超过 30m，无弯曲。

2) 管长度每超过 20m，有一个弯曲。

3) 管长度每超过 15m，有两个弯曲。

4) 管长度每超过 8m，有三个弯曲。

(6) 垂直敷设的电线保护管遭遇下列情况之一时，应增设固定导线用的拉线盒：

1) 管内导线截面为 50mm² 及以下，长度每超过 30m。

2) 管内导线截面为 70~95mm²，长度每超过 20m。

3) 管内导线截面为 120~240mm²，长度每超过 18m。

4.1.4 明配线路的允许偏差值

(1) 水平或垂直敷设的明配线路保护管，其水平或垂直安装的偏差为 1.5‰，全长偏差不应大于管内径的 1/2。

(2) 明配线的水平和垂直允许偏差应符合表 4-7 所列规定。

明配线的水平和垂直允许偏差　　表 4–7

配线种类	允许偏差 (mm)	
	水平	垂直
瓷夹板配线	5	5
瓷柱配线	10	5
瓷瓶配线	10	5
塑料护套配线	5	5

4.1.5　导线的连接和绝缘电阻

（1）当设计无特殊规定时，导线的芯线应采用焊接、压板压接或套管连接。

（2）导线与设备、器具的连接应符合下列要求：

1）截面为 10mm^2 及以下的单股铜芯线可直接与设备、器具的端子连接。

2）截面为 2.5mm^2 及以下的多股铜芯线的线芯应先拧紧搪锡或压接端头后再与设备、器具的端子连接。

3）截面积大于 2.5mm^2 的多股铜芯线的终端，除设备自带插接式端子外，应焊接或压接端头后再与设备、器具的端子连接。

4）焊接连接的焊缝不应有凹陷、夹渣、断股、裂缝及根部未焊合的缺陷；焊缝的外形尺寸应符合焊接工艺评定文件的规定，焊接后应清除残余焊药和焊渣。

5）锡焊连接的焊缝应饱满，表面光滑；焊剂应无腐蚀性，焊接后应清除残余焊剂。

6）剖开导线绝缘层时，不应损伤芯线；芯线连接后，绝缘带应包缠均匀紧密，其绝缘强度不应低于导线原绝缘层的绝缘强度；在接线端子的根端与导线绝缘层间的空隙处，应采用绝缘带包缠严密。

7）穿管的导线在管内不应有接头和扭结，接头应设在接线盒（箱）内。

8）线路装置应用 500V 摇表测量导线之间以及导线对大地之间的绝缘电阻。绝缘电阻不应小于下列数值：

相对地：0.5MΩ（50万Ω）

相对相：0.5MΩ（50万Ω）

对于 42V 等安全电压线路，绝缘电阻不应小于 0.5MΩ。

4.1.6 非带电金属部分的接地或接零

（1）在 TN-S、TN-C-S 系统中，当金属电线保护管、金属盒（箱）、塑料电线保护管、塑料盒（箱）混合使用时，金属电线保护管和金属盒（箱）必须与保护地线（PE 线）有可靠的电气连接。

（2）在钢管敷设中钢管的接地连接应符合下列要求：

1）当黑色钢管采用螺纹连接时连接处的两端应焊接跨接地线或采用专用接地线卡跨接。

2）镀锌钢管或可挠金属电线保护管的跨接地线宜采用专用接地线卡跨接，不应采用焊接连接。

（3）金属软管敷设中，金属软管应可靠接地，且不得作为电气设备的接地导体。

4.1.7 黑色金属附件防腐

（1）防潮场所和直埋于地下的电线保护管，应采用厚壁钢管或防液型可挠金属电线保护管；干燥场所的电线保护管宜采用薄壁钢管或可挠金属电线保护管。

（2）钢管的内壁、外壁均应做防腐处理。当埋设于混凝土内时，钢管外壁可不做防腐处理；直埋于土层内的钢管外壁应涂两度沥青；采用镀锌钢管时，锌层剥落处应涂防腐漆。设计有特殊要求时应按设计规定进行防腐处理。

4.1.8 施工中造成的孔、洞、沟、槽的修补

施工中造成的孔、洞均应用水泥砂浆修补平整。沟、槽、应按规范要求覆盖或用合适的回填土填密夯实。

4.2 其他有关电气装置的安装验收

在古建筑中常使用的电气装置主要有：熔断器、小型断路器、漏电保护器、终端组合电气箱、照明配电箱等，这些装置的验收，有以下几项要求：

4.2.1 电气安装牢固、平正，符合设计及产品技术文件的要求

（1）低压断路器的安装，当产品技术文件无明确规定时，宜垂直安装，其倾斜度不应大于5°。

（2）螺旋式熔断器的安装　其底座严禁松动，电源应接在熔芯引出的端子上。

（3）照明配电箱安装时，其垂直偏差不应大于3mm；暗装时，照明配电箱四周应无空隙，其面板四周边缘应紧贴墙面，箱体与建筑的接触部分应涂防腐漆。

4.2.2　电气的接零、接地可靠

电气的金属外壳、框架应可靠的接地、接零，照明配电箱内应分别设置零线和保护地线（PE线）汇流排，零线和保护线应在汇流排上连接，不得绞接，并应有编号。

4.2.3　电气的连接线排列整齐、美观

（1）导线绝缘应良好，无损伤，外部接线不得破损电气。

（2）接线应按低压电气端头标志进行；电源侧进线应接在低压电气的进线端，负荷侧电线应接在出线端。

（3）低压电气的接线应采用铜质或者有电镀防锈层的螺栓和螺钉，连接时应拧紧，且应有防松装置（弹簧垫片）。

4.2.4　绝缘电阻值

测量低压电气连同所连接电缆及二次回路的绝缘电阻值，不应小于1MΩ；在比较潮湿的地方，不小于0.5MΩ。

4.3　正确使用和维护

古建筑构架材料一般都由木材制作，因其属固体状可燃

物质，所以古建筑电气装置应按 23 区火灾危险场所考虑。

（1）配电箱（柜）应采用铁制的标准产品。

（2）配电装置应设隔离开关等明显断开点，总开关应采用自动开关，合理保护下级线路。

（3）分路开关应能保护各配电线路，不得并接多路出线。

（4）明暗管线应采用金属管，不得使用可燃的 PVC 管。

（5）古建筑内配电分支线路一般应采用阻燃或耐火型线缆。

（6）室外灯具应具有防雨水功能，水下灯应采用安全电压。

（7）荧光灯应该固定在金属灯架上，不得直接用灯头线坠吊，并用耐火材料与可燃物隔离，以利镇流器等发热元件的通风。

（8）古建筑严禁安装霓虹灯、碘钨灯等高压、高温灯具。

（9）电动机应分别专设保护装置，不得多台电动机合用一台电源开关或熔断器。

（10）凡使用熔断器保护的三相电动机必须安装断相保护装置。

（11）漏电保护装置动作电流一般不大于 30mA。

（12）对电气装置要勤检查，勤保养，勤维修，并配备必用的安全用具，要根据工作内容选用合适和合格的安全用具。

（13）对电气装置的安全检查内容包括：电气设备和线路的绝缘有无破损，绝缘电阻是否合格，保护装置动作是否可靠，导线与导线、线路与开关以及导线开关与电气设备的连接是否紧密可靠。

为了能使漏电保护装置正常工作，保持良好状态，必须做好以下几项运行管理工作。

(1) 漏电保护器在投入运行后，应建立运行记录。

(2) 漏电保护器在投入运行后，每月须在通电状态下按动试验按钮，检查漏电保护器动作是否可靠。雷雨季节应增加试验次数。

(3) 雷击或其他不明原因使漏电保护器动作后，应做检查。

(4) 漏电保护器动作后，经检查未发现事故原因时，允许试送电一次，如果再次动作，应查明原因找出故障，不得连续强行送电，除经检查确认为漏电保护器本身发生故障外，禁止私自撤除漏电保护器强行送电。

(5) 定期分析漏电保护器的运行情况，及时更换有故障的漏电保护器。

(6) 漏电保护器的动作特性由制造厂整定，按产品说明书使用，使用中不得随意变动。

(7) 使用的漏电保护器除按漏电保护特性进行定期试验外，对断路器部分应按低压电气有关要求定期检查维护。

4.4 加强管理，确保电气安全

如果电气设备的结构和装置不完善或者操作不当，就会引起电气事故，危及人身安全及造成财产损失。所以加强电气安全管理，确保用电安全，防止事故发生具有十分重要的意义。

4.4.1 安全技术措施

触电分为直接接触触电和间接接触触电两种，直接接触触电是指人与带电部分接触而发生的触电现象；间接接触触电则是人与故障情况下的带电外露导线部分接触所引起的触电现象。对这两种不同的触电事故，应采用不同的防护措施。

一、直接接触的防护措施

为了防止直接触及带电体，通常采用绝缘、屏护、间距等最基本的措施。

（1）绝缘

绝缘是用绝缘材料把带电体封闭起来，借以隔离带电体或不同电位的导体，使电流能按一定的路径流通，常用的绝缘材料有：瓷、玻璃、云母、橡胶、木材、胶木、布纸、矿物油等。

电气设备和线路的绝缘必须与所采用的电压等级、使用环境和运行条件相适应。

（2）屏护

当配电线路和电气设备的带电部分不便于包以绝缘或绝缘不足以保证安全时，就应采用屏护装置。

常用屏护装置有遮拦、护罩、箱盒等，可将带电体与外界隔绝，以防止人体触及或接近带电体而引起触电、电弧短路或电弧伤人。

(3) 障碍

设置栅栏、围栏等障碍，可以防止无意触及或接近带电体而发生触电，但它不能防止有意绕过障碍去触及带电体的行为。

(4) 间隔

为了防止人体触及或接近带电体，防止车辆或其他物体碰撞或过分接近带电体，以及防止火灾、过电压放电和各种短路事故发生，在带电体与地面之间、带电体与带电体之间、带电体与其他设备或设施之间均应保持一定的距离。间距的大小决定于电压高低、设备类型以及安装方式等因素。

(5) 用漏电保护装置作补充防护

为了防止人体触及带电体而造成伤亡事故，有必要在分支线路中采用高灵敏度（额定漏电动作电流不超过30mA）快速（最大分断时间不大于0.2s）型漏电保护装置。它在正常运行中可作为其他触电防护措施失效或使用者疏忽时直接接触的补充防护，但不能作为惟一直接接触防护。

采用这种防护措施是为了加强正常工作时其他一些触电防护措施，但不排除需要采用（1）至（4）规定的某一项防护措施。

(6) 安全电压

为防止触电事故而采用的由特定电源供电的电压系列，称为安全电压。当电气设备需要采用安全电压来防止触电事故时，应根据场所特点、使用方式和人员等因素选用相应等级的安全额定电压。安全电压也可作为间接接触触电的防护措施。

二、间接接触防护措施

对间接接触触电，通常采用接地、接零等各种防护措施。

(1) 接地、接零保护

采用接地、接零保护措施后，当电气设备发生故障时，线路上的保护装置会迅速动作而切断故障，从而防止间接接触触电事故发生。

(2) 双重绝缘

为了防止电气设备或线路因基本绝缘损坏或失效使人体易接近部分出现危险的对地电压而引起触电事故，可以采用除基本绝缘层之外另加一层独立的附加绝缘（如在橡胶软线外面再加绝缘套管）共同组合的电气设备。

对工作电压在交流 500V 以下的设备和线路（不包括安全隔离变压器）来说，采用双重绝缘时，其绝缘电阻值一般应不低于 7MΩ。

(3) 不接地的局部等电位连接

不接地的局部等电位连接是将人体能触及的所有设备的外露可导电部分和操作场所内所有与设备无关的可导电部分互相连接在一起，以防出现危险的接触电压。对于等电位连接系统，严禁通过外露的可导电部分（或无关的可导电部分）与大地发生直接的接触。等电位范围应不小于可能触及带电体的范围。

当人体进入等电位连接场所时，要特别注意防止人体的两脚（或手）跨接于存在有危险电位差的导体之间。一般应在等电位连接场所的出入口内外铺设绝缘垫。

(4) 非导电场所

非导电场所也是防止间接接触触电的一项防护措施。要求当工作绝缘损坏时人体同时触及不同电位的两点所属环境的地板和墙壁应为绝缘体（设备的额定电压不超过500V时绝缘电阻应不小于50kΩ，超过500V时绝缘电阻应不小于100kΩ），对可能同时出现不同电位的两点之间要有足够的距离，一般要求在2m以上。

(5) 电气隔离

采用低压不接地系统（IT）供电或用隔离变压器或有同等隔离能力的多绕组电动发电机供电，可以实现电气隔离，防止裸露导体故障带电时的触电危险。但隔离回路的对地电压不得超过250V。

被隔离电路的带电部分不能与别的电路、无关的导电体及大地有任何电气连接；还应避免发生故障性接地，其外露可导电部分的连接，可按照不接地局部等电位连接这一防护方式的要求进行，以满足隔离要求。

(6) 自动断开电源

当电气设备发生故障或者载流体的绝缘老化、受潮与损坏时，如果电气设备的外露金属部件上呈现出危险的接触电压，则须根据低压电网的小运行方式，采用适当的自动元件和连接方法（一般通过熔断器、低压断路器的过流脱扣器、热继电器以及漏电保护装置），能在规定的时间内自动的断开电源，防止接触电压的危险。

对于不同的配电网络，可根据其特点分别采用过电流保护（包括接零保护）、漏电保护、故障电压保护（包括接地保护）等防护措施。

4.4.2 安全组织措施

一、安全管理机构

安全管理工作必须贯彻"安全第一，预防为主"的方针。各单位应建立和健全安全管理机构，专人负责，统一管理。从技术上做好变配电系统及其他用电设备，电气线路设计、安装、维护和使用等电气安全管理工作，做好电工的培训考核、安全检查等组织管理工作。并且制订合理有效、切实可行的各项安全规程，如停电检修工作的安全规程（制度）、变配电室值班电工的岗位责任制等，并经常检查其执行情况。

电气安全资料是做好电气安全管理的重要依据。为了做好电气安全管理，便于工作和检查，应绘制电气系统图、古建筑布线图、电缆走向图等资料。

二、用电安全管理

安装、维修或拆除用电装置，必须由电工操作，各类用电人员应做到：

（1）掌握安全用电基本知识和所用设备的性能。

（2）使用设备前必须按规定检查电气装置和保护设施是否完好。严禁设备带"病"运转。

（3）停用的设备必须拉闸断电，锁好开关箱。

（4）搬迁或移动用电设备，必须经电工切断电源并作妥善处理后进行。

(5) 古建筑临时线路应按固定装置安装，不准乱拉、乱挂。

电工对电气装置的安装或拆除必须按照"装得安全，拆得彻底，修得及时，用得正确"的安全用电要求。

4.4.3 安全作业规程

电气安全作业规程是用来确保电气设备正常运行和保护电气作业人员生命的有效措施。在古建施工中常用的电气安全作业规程有：移动电具的安全规程（制度）、停电检修工作的安全规程（制度）。

移动电具是指无固定安装地点、无固定操作工人的生产设备及电动工具，如电焊机、移动水泵、电钻、电锤等。

移动电具应有切实可行的借用发放制度，有专人保管，定期检查。使用过程中如需搬动、移动电具，应停止工作，并断开电源开关或拔脱电源插头。

一、移动电具的基本要求

金属外壳的移动电具，必须有明显的接地螺丝和可靠的接地线。电源线必须采用"不可重接电源插头线"，长度一般为2m左右。单相220V的电具应用三芯线，三相380V的电具应用四芯线，其中绿黄双色为专用接地线。移动电具的引线、插头、开关应完整无损。使用前应用验电笔检查外壳有否漏电。

电焊机的金属外壳必须可靠接地。电源线的长度不应超过 2m，焊钳和焊钳线应完整无损。

二、使用电钻及类似工具的安全要求

使用电钻、电锤时，手握得紧，用力得大，所以手心容易出汗，如有漏电现象极容易引起触电事故，为了确保安全，应严格遵守安全使用要求：

（1）电钻、电锤等必须有控制开关。严禁使用无插头的电源引出线，严禁将电源引线直接插入电源插座。

（2）电钻、电锤等类似的移动电具在使用时，需戴绝缘手套，并穿绝缘靴或站在绝缘垫上。

（3）使用时如发现麻电，应立即停用检查。调换钻头时要拔脱插头或关断开关。

（4）如有下列三条安全措施之一者，可不戴绝缘手套：

1）电钻、电锤等类似移动电具的额定电压是 50V 以下的安全电压。

2）有绝缘外壳和绝缘手柄的双重绝缘电具。

3）装有 1:1 双线圈隔离变压器，变压器的次级不得接地。

三、停电检修工作的安全规程（制度）

停电检修工作是指电气设备、电气线路的检修工作，是在全部停电或局部停电后进行的。

（1）停电检修工作的基本安全要求

停电检修工作必须在验明确实无电以后才能进行。停电检修时，对有可能送电到所检修的设备及线路的开关和闸刀，应全部断开，并须作好防止误合闸措施。如在已断开的开关和闸刀的操作手柄上，挂上"禁止合闸，有人工作"的标示牌，必要时加锁。对多回路的线路，更要做好防止突然来电的措施。

(2) 停电检修工作的基本顺序

首先应根据工作票内容，做好全部停电的倒闸操作。停电后为了消除被检修设备及线路的残存静电，对电力电容器、电缆线等应用携带型接地线及绝缘棒放电。注意：放电时操作人员的手不得与放电导体接触。

然后用验证良好的验电笔对所检修的设备及线路进行验电。在证实无电后才能开始工作。注意：对可能来电的地方，应加装携带型临时接地线；对可能碰触的导电体或检修间距不足时，应装设临时遮栏及护罩，将导电体与检修设备、检修线路隔离，并挂上"止步，高压危险"的标示牌，使检修人员与带电体之间保持一定距离。

(3) 检修完毕后的送电顺序

必须将遗留在工作现场的工具、器具、材料等彻底收拾清理干净，拆除携带型临时接地线、临时遮栏及护罩，检查无遗漏后，按工作票内容，拆除开关、闸刀等操作手柄上的标示牌，然后进行送电操作。

第5章 古建筑常用电气装置的火灾预防

5.1 电气火灾的成因

电气火灾的直接原因多种多样,例如过载、短路、接触不良、电弧火花、漏电、雷电或静电等都能引起火灾。有的火灾是人为的,比如思想麻痹,疏忽大意,不遵守有关防火法规,违反操作规程等。从电气防火角度看,电气设备质量不高、安装使用不当、保养不良、雷击和静电是造成电气火灾的几个重要原因。

5.1.1 电气设备安装使用不当

一、过载

所谓过载,是指电气设备或导线的功率和电流超过了其额定值。造成过载的原因有以下几个方面:

(1) 设计、安装时选型不正确,使电气设备的额定容量小于实际负载容量。

(2) 设备或导线随意装接，增加负荷，造成超载运行。

(3) 检修维护不及时，使设备或导线长期处于带病运行状态。

电气设备或导线的绝缘材料，大都是可燃材料，属于有机绝缘材料的有油、纸、麻、丝和棉的纺织品、树脂、沥青漆、塑料、橡胶等。只有少数属于无机材料，例如陶瓷、石棉和云母等，过载使导体中的电能转变成热能，当导体和绝缘物局部过热，达到一定温度时，就会引起火灾。

二、短路、电弧和火花

短路是电气设备最严重的一种故障状态，产生短路的主要原因有：

(1) 电气设备的选用和安装与使用环境不符，致使其绝缘体在高温、潮湿、酸碱环境条件下受到破坏。

(2) 电气设备使用时间过长，超过使用寿命，绝缘老化发脆。

(3) 使用维护不当，长期带病运行，扩大了故障范围。

(4) 过电压使绝缘击穿。

(5) 错误操作或把电源投向故障线路。

短路时，在短路点或导线连接松弛的电气接头处，会产生电弧或火花。电弧温度很高，可达 6000℃ 以上，不但可引燃它本身的绝缘材料，还可将它附近的可燃材料、粉尘引燃。电弧还可能是由于接地装置不良或电气设备与接地装置间距过小、过电压时使空气击穿引起，切断或接通大电流电路时，或大截面熔断器爆断时，也能产生电弧。

三、接触不良

接触不良主要发生在导线连接处，如：

（1）电气接头表面污损，接触电阻增加。

（2）电气接头长期运行，产生导电不良的氧化膜，未及时清除。

（3）电气接头因振动或由于热的作用，使连接处发生松动。

（4）铜铝连接处，因有约 1.69V 的电位差的存在，潮湿时会发生电解作用，使铝腐蚀，造成接触不良。

接触不良会造成局部过热，造成潜在点火源。

四、烘烤

电热器具（如电炉、电熨斗等）、照明灯泡，在正常通电状态下，就相当于一个火源或高温热源。当其安装不当或长期通电无人监护管理时，就可能使附近的可燃物受高温而起火。

五、摩擦

发电机和电动机等旋转型电气设备，轴承出线润滑不良，干枯产生干磨发热或虽润滑正常，但出线高速旋转时，都会引起火灾。

5.1.2 雷电

雷电是在大气中产生的，雷云是大气电荷的载体，当雷云与地面建筑物或构筑物接近到一定距离时，雷云高电位就会把空气击穿放电，产生闪电、雷鸣现象。雷电危害形式的共同特点就是放电时总伴随机械力、高温和强烈火花的产生。使建筑物破坏，输配电线或电气设备损坏。

5.1.3 静电

静电是物体中正负电荷处于平衡状态或静止状态下的电。当平衡状态遭到破坏时，物体才显电性，静电是内摩擦或感应产生的。静电起电有两种方式，第一种方式是不同物体相互摩擦、接触、分离起电。比如传动皮带在皮带轮上滑动，当它们分离时，传动皮带上就会形成电荷，显现出带电现象。电荷不断积聚形成高电位，在一定条件下，则对金属物放电，产生有足够能量的强烈火花，此火花能使飞花、麻絮、粉尘及易燃液体燃烧。第二种方式是静电带电体使附近的非电体感应起电。

电气火灾是和电的发展与广泛应用分不开的，不管是强电领域还是弱电领域都有电气火灾问题及如何防火的问题。

5.2 导线电缆的防火

5.2.1 接户线与进户线敷设的防火

从架空线的电杆到用户户外第一个支持点之间的引线叫接户线。接户线的档距不宜超过 25m。距地距离对小于 1kV 的要大于 2.5m，1~10kV 的不应小于 4m。

1kV 以下的低压接户线，其导线截面不应小于表 5 – 1。

低压接户线的最小截面　　　　　表 5-1

接户方式	档距（m）	最小截面（mm²）	
		绝缘铜线	绝缘铝线
从电杆上引下	<10	2.5	4.0
	10~15	4.0	6.0

380V 接户线线间距离不应小于 150mm。

从用户屋外第一个支持点到屋内第一个支持点之间的引线叫进户线。进户线应采用绝缘线穿管进户。进户钢管应设防水弯头，以防电线磨损，雨水倒流，造成短路或产生漏电引起火灾。严禁将电线从腰窗、天窗、老虎窗或从木屋顶直接引入建筑内。

目前园林古建筑，一般宜用铠装电缆埋地引入；进户处宜穿管，并将电缆外皮接地。

5.2.2 室内外线路敷设的防火

室内线路是指安装在建筑内的线路，室外线路是指安装在屋檐下，或沿建筑物外墙或外墙之间的配线。室内外线路应采用绝缘线。在敷设时要防止导线机械损伤，以避免绝缘性能下降，导线连接也要避免造成局部过热。

一、按环境确定敷设方式

由于电气设备所处的环境各异，有的处在潮湿或特别潮湿的环境，有的处于多尘环境，有的处于腐蚀环境，有的处于火灾危险环境中。不同环境要求使用的导线、电缆的类型也不同，安装敷设方法也要与其相适应，只有这样才能保证导线在各种环境下的安全运行，防止火灾。表 5-2 列出了按环境选择导线、电缆及敷设方式，供参考。

按环境选择导线、电缆及其敷设方式　　表 5-2

环境特征	线路敷设方式	常见电线、电缆型号
正常干燥环境	1. 绝缘线瓷珠、瓷夹板或铝皮卡子明配线 2. 绝缘线、裸线瓷瓶明配线 3. 绝缘线穿管明敷或暗敷 4. 电缆明敷或放在沟中	BBLX、BLXF、BLV、BLVA、BLX BBLX、BLXX、BLV、BLX BBLX、BLXF、BLX VLV、VJV、XLV、ZLQ、ZLL
潮湿或特别潮湿的环境	1. 绝缘线瓷瓶明配线（敷设高度大于 3.5m） 2. 绝缘线穿塑料管、钢管明敷或暗敷 3. 电缆明敷	BBLX、BLXF、BLV、BLX BBLX、BLXF、BLV、BLX ZL11、VLV、YJV、XLV
多尘环境	1. 塑料线瓷珠、瓷瓶明配 2. 绝缘线穿塑料管明敷或暗敷 3. 电缆明敷	BLV、BLVV BBLX、BLXF、BLV、BV、BLV ZLL11、VLV、VJV、XLV
有火灾危险的环境	1. 绝缘线瓷瓶明配线 2. 绝缘线穿管明敷或暗敷 3. 电缆明敷或放在沟中	BBX、BV、BX BBX、BV、BX VV、YJV

有吊顶的三四级耐火等级建筑物，吊顶内的导线应用金属管配线或带有金属保护的绝缘导线。

二、对室内外线路敷设距离的要求

为了防止导线绝缘损坏后引起的火灾，敷设线路时要注意线间、导线固定点间以及线路与建筑物、地面之间必须保持一定距离。

（1）导线固定点间最大允许距离

导线固定点间距离随着敷设方式、敷设场所和导线截面的不同而不同，见表 5-3。

导线支持件固定点间最大允许距离（mm）　　表5-3

敷设场所	敷设方法	导线截面（mm²）		
		1~4	6~10	16~25
室内	瓷夹板配线	600	800	
	瓷柱配线	1500	2000	3000
	瓷瓶配线	2000	2500	3000
	塑料护套线	2000	200	
室外	墙面上直接固定瓷柱、瓷瓶	2000	2000	2000
	墙上支架上固定瓷瓶或瓷柱	6000	12000	

（2）配线与建筑物、地面及线间最小距离

为了保证配线的安全进行，配线与室内外管道、建筑物、地面及导线相互间应保持一定的最小距离，分别见表5-4、表4-4、表4-1、表4-3。

配线与管道间最小距离（mm）　　表5-4

管道名称	接近方式	穿管配线	绝缘导线明配
蒸汽管	平行	1000（500）	1000（500）
	交叉	300	300
暖、热水管	平行	300（200）	300（200）
	交叉	100	100
通风、上下水、压缩空气	平行	100	200
	交叉	50	100

注：表内括号内为在管道下边的数据。

(3) 室内导线采用其他敷设方式时的防火

1) 采用明敷方式时要防止受机械损伤，如导线穿过墙壁或可燃建筑时，应采用砌在墙内的绝缘管子，且每只管子只能有一根导线。从地面向上安装的绝缘导线，距地面2m高以内的一般应加钢管保护，以防止绝缘受损造成事故。

2) 线管配线的防火

凡明敷于潮湿场所或埋在地下的线管均应采用水、煤气钢管。明敷或暗敷于干燥场所的线管可采用一般钢管。

线管内导线绝缘强度不应低于交流500V。用金属管保护的交流线路，当负荷电流大于25A时，为避免涡流产生，应将同一回路的所有导线穿于同一根金属管内。

3) 槽板配线的防火

槽板配线就是把绝缘导线敷设在槽板线槽内，上面用盖板把导线盖住。槽板有木质的和塑料的，在古建筑中仅用塑制阻燃型槽板（其氧指数大于40）。

槽板应设在明处，不得直接穿过楼板或墙壁，必要时，须改用瓷套或钢管保护。安装槽板时，要防止将导线绝缘皮钉破，造成漏电或短路事故。

4) 对导线连接和封端的技术要求

导线相互连接或导线与电气设备连接的接头处，是造成过大电阻，产生局部过热的主要部位，是产生火灾的引火源。

①对连接的基本要求

A.导线连接接触处，应接触可靠、稳定，接触电阻应不大于同长度、同截面导线的电阻。

B. 连接接头要牢固，其机械强度不得小于同截面导线的80%。

C. 接头应耐腐蚀。铝线连接采用焊接时，要防止焊药和熔渣的化学腐蚀；铝线与铜线连接要防止接触面松动、受潮、氧化，以及防止在铜铝之间产生电化腐蚀。

D. 接头处包缠的绝缘材料应与原导线相同。

②对铜（铝）心导线的中间连接和分支连接的要求

应用熔焊、线夹、瓷接头或压接法连接。

在实际实施工，$2.5mm^2$ 以下的单心导线多用绞接；$4mm^2$ 的单心铜导线可用缠绕法连接；多心铜线多用压接或缠绞连接。铝心线可用铝管进行压接。铜导线和铝导线连接时，可用铜铝过渡连接管。

③对导线出线端子的装接要求

$10mm^2$ 以下的单股铜心线、$2.5mm^2$ 以下的多股铜心线和单股铝心线与电气设备的接线端子可直接连接，但多股铜心线宜先拧紧，搪锡后再连接。

多股铝心线和截面大于 $2.5mm^2$ 的多股铜心线的终端，应在其端子焊接后或压接后，再与电气设备的接线端子连接。

铜线接线端子，俗称铜接头、线鼻子，常用锡焊接，焊接时涂无酸焊接膏。

④对导线中间分支接头处绝缘的要求

绝缘导线中间和分支接头，绝缘应包缠均匀、严密，并不低于原有绝缘强度；接线端子端部与导线绝缘层空隙处，应用绝缘带包缠严密。

5.2.3 电缆线路防火、阻燃措施

一、电缆火灾原因

常见的电缆火灾一是由于本身故障引起的；二是由于外界原因引起，即火源或火种来自外部。外部引起的电缆火灾较多，只有少数是电缆本身故障引起的。具体原因归纳如下：

(1) 如运输、施工过程中造成机械损伤；超负荷运行，接触不良加速绝缘老化进程，或绝缘达到使用期，以及短路故障都将使绝缘遭到损坏，甚至发生超电压等。

(2) 电缆头故障使绝缘物自燃。比如施工质量差，电缆头不清洁降低了线间绝缘强度。

(3) 堆积在电缆上的粉尘，自燃起火。另外，电缆超负荷时，电缆表面高温，也能使粉尘自燃起火。

(4) 电焊火花引燃易燃品。该事故与对电缆沟的管理不严有关，当盖板不严密时，使沟内混入了油泥、木板等易燃品。地面进行电焊或气焊时，焊渣和火星落入沟内引起火灾。

(5) 充油电气设备故障喷油起火。如某电厂，因变压器保护装置拒动而使变压器爆炸起火。火焰经电缆孔洞、电缆夹层，蔓延到控制室，使主控室全部烧毁，并造成火灾。

(6) 电缆遇高温起火并形成蔓延。

二、电缆防火、阻燃对策

电缆着火延燃的同时，往往伴出大量有毒烟雾，因此使扑救困难，导致事故的扩大，损失严重。防止电缆火灾发生与对策是：

(1) 远离热源和火源

使缆道尽可能远离蒸汽及油管道，其最小允许距离见表 5-5。

电缆与管道最小允许距离（mm）　　　　表 5-5

名称	电力电缆		控制电缆	
	平行	垂直	平行	垂直
蒸汽管道	1000	500	500	250
一般管道	500	300	500	250

当现场实际距离小于表 5-5 中数值时，应在接近或交叉段前后 1m 处采取保护措施。可燃气体或可燃液体管沟，不应敷设电缆。若敷设在热力管沟中，应有隔离措施。在具有火灾危险场所不应架空明敷电缆。

(2) 隔离易燃易爆物

在容易受到外界着火影响的电缆区段，架空电缆应涂刷阻燃材料等，防止火灾蔓延，对处于充油电气设备附近的电缆沟，应密封好或穿管，埋地敷设。

(3) 封堵电缆孔洞

对通向配电房及控制室的孔洞、沟通和控制柜、箱下部的电缆孔洞等都必须用耐火材料严密封堵，绝不能用易燃物品承托或封堵，以防止电缆火灾向非火灾区蔓延。

封堵孔洞常用材料有防火堵料（有机或无机）、防火包和防火网等。防火包和防火网主要应用在既要求防火又要求通风的地方。即正常时可保持良好通风条件，当有火灾时利用其膨胀作用将孔洞堵死，阻止火灾蔓延。

(4) 防火分隔

设置防火墙、阻火夹层及阻火段,将火灾控制在一定电缆区段,以缩小火灾范围。在电缆隧道、沟及托架的下列部位应予以设置:不同建筑的交界处设置带门的防火墙,在电缆竖井可用阻火夹层分隔,对电缆中间接头处可设阻火段达到防火目的。

(5) 防止电缆因故障而自燃

对电缆构筑要防止积灰、积水;确保电缆头的工艺质量,对集中的电缆头要用耐火板隔开,并对电缆头附近电缆刷防火涂料;对消防用电缆作耐火处理,明敷电缆不得带麻被层。

(6) 采用防火涂料

防火涂料应用于电缆,一般采用全涂、局部涂覆、局部长距离大面积涂覆三种形式。

1) 全涂。为保证发生火灾时消防电源及控制网络能够正常供电和控制操作,如消防水泵和事故照明线路,应沿全线涂膨胀型防火涂料。

2) 局部涂覆为增大隔火距离,防止窜燃,在阻火墙一侧或两侧,根据电缆的数量、型号的不同,分别涂 0.5~1.5m 长的涂料。

3) 局部长距离大面积涂覆,对邻近易着火部位、门窗等处涂以防火涂料。

5.3 照明装置的防火

电气照明是把电能转化为光能的一种光源。照明灯具在工作过程中,往往要产生大量的热,致使其玻璃灯泡、灯管、灯座等表面温度较高。又若灯具选用不当或发生故障时会产生电火花、电弧;接触不良导致局部过热;导线和灯具的超载和超压,会引起导线过热;以及灯具的爆碎。凡此种种,都会引起可燃物起火燃烧。另外,电气照明广泛应用于生产、生活的各个领域,人们司空见惯,往往忽视其防火安全,所以更增大了发生火灾的可能性,在我们木结构的古建筑中更是如此。

5.3.1 电气照明的分类

一、按电源的发光原理分类

照明光源种类很多,按其由电能转换为光能的发光原理不同分为热辐射光源和气体放电光源两类,见表5-6。

常用电光源的分类　　　　　表5-6

热辐射光源		钨丝白炽灯	
		卤钨循环白炽灯(卤钨灯)	
气体发光光源 (按发光物质分类)	金属	汞灯	低压汞灯(荧光灯)
			高压汞灯(荧光高压汞灯)
		钠灯	低压钠灯
			高压汞灯
	惰性气体	氙灯	管形氙灯、超高压球形氙灯
		汞氙灯	管形汞氙灯
		氖灯	
		霓虹灯	
	金属卤化物灯	钠铊铟灯、镝灯	

虽然电气照明的种类繁多,但其中比较常见、火灾危险性又较大的主要有以下几种:

(1) 白炽灯,又称钨丝灯泡。当电流流过封于玻璃灯泡中的钨丝时,使钨丝温度升高到 2000~3000℃,达到白炽程度发光。灯泡一般均在抽成真空后再充入惰性气体,这样可延长寿命,但由于充入气体的热传导和热对流使灯泡玻璃表面温度增高。

(2) 荧光灯。常用的荧光灯是热阻极弧光放电型低压汞灯,其由灯管、镇流器、起动器(又称启辉器)等组成。当灯丝两端加入电压后,灯丝会发热并发射电子,使管内汞气化并电离放电。汞放电并辐射的大量紫外线激发灯管内壁的荧光粉而发出近似日光的可见光,故也称日光灯。镇流器在刚起动时,在起动器的配合下产生瞬时高电压,使灯管放电;而在正常工作时,又限制灯管中的电流和加在灯管上的电压。起动器的作用是起动时使电路自动接通和断开。荧光灯与普通的白炽灯比较,光线柔和,在消费电能相同情况下,其发光强度却要高出 3~5 倍;但其镇流器容易发热产生很高的温度。

(3) 高压汞灯,亦称高压水银灯。分镇流器式和自镇流式两种,它们的主要区别在于镇流元件不同。其特点是光强度较高,寿命长,用电省和光色好。它的发光原理与荧光灯相似,当主电极间产生弧光放电时,灯泡温度升高,汞气化发出可见光和紫外线,紫外线又激发内壁上的荧光粉而发光。

(4) 卤钨灯。卤钨灯工作原理与白炽灯基本相同,区别是在卤钨灯的石英玻璃灯管内充入适量的卤元素(如碘或溴等),利用卤钨循环作用可将被高温蒸发出来的钨送回灯丝,以延长灯管的使用寿命。卤钨灯一般功率较大,温度较高。

二、按使用性质分类

电气照明按使用性质,一般可分为工作照明、装饰照明和事故照明等。

(1) 工作照明:供室内外工作场所作为正常的照明使用。

(2) 装饰照明:用于美化环境、节日装饰和橱窗布置等的照明。

(3) 事故照明:工厂、车间和重要场所以及公共集会场所发生电源中断或火灾事故下,供继续工作或人员疏散的照明,如备用照明灯具和应急安全照明。

5.3.2 常用照明灯具的火灾危险性

一、白炽灯

白炽灯的表面温度较高,在散热良好的条件下,工作时,灯泡的表面温度往往与其功率大小直接相关,参见表5-7。在散热不良时,灯泡表面温度则高得多,并且功率越大,升温速度也越快。

白炽灯在散热良好时的表面温度　　　　表5-7

灯泡功率(W)	灯泡表面温度℃	灯泡功率(W)	灯泡表面温度℃
40	56~63	100	170~216
60	137~180	150	148~228
75	136~194	200	154~296

灯泡距可燃物愈近，则引起燃烧的时间越短，由实验可知，白炽灯泡烤燃可燃物的时间和温度的关系如表5-8所示。另外，白炽灯耐震性较差，灯泡易破碎，碎后，高温玻璃碎片和高温的灯丝溅落于可燃物上，也会引起火灾。

白炽灯烤燃可燃物的时间与温度　　　表5-8

灯泡功率（W）	可燃物	烤燃时间（min）	起火温度（℃）	放置形式
100	稻草	2	360	卧式埋入
100	纸张（乱纸）	8	333~360	卧式埋入
100	棉絮	13	360~367	垂直紧贴
200	稻草	1	360	卧式埋入
200	纸张	12	330	垂直紧贴
200	棉絮	5	367	垂直紧贴
200	松木箱	57	398	垂直紧贴

二、荧光灯

荧光灯的火灾危险性主要是镇流器发热烤着可燃物。镇流器是由铁芯和线圈再加上外壳所组成，正常工作时，由于铜损和铁损使其有一定的温度，如果制造粗劣、散热不良或与灯管选配不合理，以及其他附件发生故障时，都会使其温度进一步升高，超过允许值。这样就会破坏线圈的绝缘强度，甚至形成区间短路，产生高温、电弧或火花，将会使周围可燃物发生燃烧，形成火灾。

三、高压汞灯

正常工作时，同样功率的高压汞灯，其灯泡表面温度比白炽灯低。但通常情况下高压汞灯功率都比较大，因此，发出的热量较大，温升速度快，表面温度高，如 400W 的高压汞灯，其表面温度约为 180~250℃。另外，高压汞灯镇流器的火灾危险性与荧光灯镇流器的基本相似。

四、卤钨灯

卤钨灯一般功率较大，温度较高。100W 卤钨灯的石英玻璃管外表面温度可达 500~800℃，而其内壁温度则更高，约为 1600℃左右。因此，卤钨灯不仅能在短时间内烤着接触灯管外壁的可燃物，而且在长时间中温热辐射下，还能将距灯管一定距离的可燃物烤着。卤钨灯的火灾危险性，比其他照明灯具更大，事实上它在公共场所和建筑工地引起的火灾较多，是必须予以足够的重视。

5.3.3 照明装置防火措施

各种照明灯具在把电能转换成光能的过程中，都伴随着有能量损耗，致使灯具表面温度较高。所以要根据环境场所的火灾危险性来选择照明灯具，比如，江南园林内对古建筑的厅堂就规定了白炽灯的功率一般不宜超过 60W，并且规定除了经营、办公场所不宜采用荧光灯作照明。而且还规定了照明装置应与可燃物、可燃结构之间要保持一定的距离，严禁用纸、布或其他可燃物遮挡灯具。除此之外，照明装置还应符合下列防火要求：

（1）灯泡的正下方，不宜堆放可燃物品。灯泡距地面高度一般不应低于 2m。如必须低于此高度时，应采取必要的防护措施。可能会碰撞的场所，灯泡应有金属或其他网罩防护。

（2）卤钨灯灯管附近的导线应采用耐热绝缘导线（如玻璃丝、石棉、瓷珠等护套的导线），而不应采用具有延燃绝缘性绝缘导线，以免灯管高温破坏绝缘引起短路。

（3）室外或某些特殊场所的照明灯具应有防溅设施，防止水滴溅到高温的灯泡表面，使灯泡炸裂。灯泡破碎后，应及时更换。

（4）镇流器与灯管的电压和容量应匹配。镇流器安装时应注意通风散热，不准镇流器直接固定在可燃物上，否则应用不燃的隔热材料进行隔离。

（5）吊顶内暗装的灯具功率不宜过大，并应以白炽灯或荧光灯为主，而且灯具上方应保持一定的空间，以利散热。另外，暗装灯具及其发热附件周围应用不燃材料（石棉板或石棉布）做好防火隔热处理，否则可燃材料上应刷防火涂料。

5.4 电气装置设备防火

电气装置设备包括开关设备、用电设备、保护设备、输配电线路等，其中开关设备是接通和切断电源的控制设备。在古建筑中有关的用电设备、输配电线路的防火已在上面章节作了阐述，本节着重讨论电气开关的防火问题。

电气开关是极其普遍的电气设备，它对电能的输送、分配与应用起着重要的作用。对电气开关的规格、型号、性能参数等选用不当、元件失灵、操作失误，即使被控设备完善，仍会导致设备不能有效地投入运行，系统出现故障，甚至引起火灾或触电等重大事故，开关设备分为高压开关、低压开关。在古建筑中使用的主要是低压开关，常见的低压开关设备有以下几种。

5.4.1 自动开关

自动开关主要在低压供电系统中用于分合和保护电气设备，使之免受超电流、短路、欠电压等危害，它也常被用于不频繁起动的电动机，以控制其操作或转换电路。

自动开关是一种比较复杂的开关设备，若操作使用、维护保养不当，出现脱机器或操作机构失灵，接触不良，缺相运行等故障，将烧坏电气设备，引燃附近可燃物，酿成火灾。为防止火灾事故的发生，自动开关不应安装在易燃、受震、潮湿、高温或多尘的场所；应装在干燥明亮、便于进行维修及保证施工安全、操作方便的地方。自动开关的操作机构，各脱扣器的电流整定值和延时时限均应定期检查；已经使用四分之一机械寿命时以及触头磨损至原来厚度的三分之一时都应进行及时的处理。定期清除落在自动开关上的灰尘，在因短路分断或较长期使用后，要检查触头的烧损情况，并应清除灭弧室内壁和栅片上的金属颗粒积炭，使之保持在良好在工作状态下。

5.4.2 闸刀开关

瓷底胶盖闸刀开关（简称闸刀开关）结构简单，使用方便，在建筑施工中经常使用，它本身不能自动切断故障电源，采用熔断器组合电气,则可以接通和分断电路。熔断器作为长期过载或短路保护元件。

如果闸刀开关的刀口接触不良,闸刀开关与导线连接松动,将会造成接触电阻过大,使刀片和导线发生熔化引起火灾。三相闸刀开关如有一相刀片失去作用或一相熔体熔断而未及时更换,又会引起其控制的电动机单相运行或单相起动。在分合开关时,还会出现火花和电弧,也会造成火灾或引起爆炸。

为防止火灾事故的发生,闸刀开关应根据实际使用情况,合理选用,一般其触头额定电流应为线路计算电流的2.5倍以上。闸刀开关应安装于没有化学腐蚀、灰尘、潮湿场所的室外或专用配电室内。并且,闸刀开关应安装在开关箱内,并按规定正确安装,即电源接在静触头上,熔断器装于出线端。要注意,拉开或推合时动作要迅速,以减弱电弧,并且接合紧密。为保证人身安全,操作人员在操作闸刀开关时不可面对开关,以防电弧伤人。

发现闸刀开关胶盖损坏、刀触头接触松动、氧化严重、接触面积过小或瓷底座、手柄损坏以及熔体熔断,都应及时检查修理或更换。

5.4.3 铁壳开关

铁壳开关主要由刀开关、熔断器和钢板(或铸铁)外壳等构成,一般它还装有灭弧室,以提高分断能力,减弱电弧、电火花。

铁壳开关操作机构装有机械连锁，以保证合闸时不能打开外壳。并且操作机构采用弹簧储能式，使开关快速分合。

这种开关，安全可靠，使用寿命长，又能防止电火花、电弧及高温颗粒飞溅，故其在建筑施工场所应用也较广。虽然其安全性高，如疏忽大意同样会引起火灾。为此，要正确选用铁壳开关；为保证安全外壳必须接地；不能长期过载使用；如果发现机械连锁装置或外盖损坏或插入式熔断器损坏，应及时修理或更换。

5.4.4 接触器

接触器由主触头、辅助触头、灭弧装置、电磁系统、支架和外壳等组成。接触器适用于远距离，频繁接通和分断电路及大容量控制电路，可以用其实现自动或联锁控制。

接触器是控制设备中比较关键的电气件，故必须保证其安全可靠。接触器触头弹簧压力不能过小，触头接触要良好，防止接触电阻过大；要防止线圈过热或烧毁；还要保证灭弧装置完好无损。此外，还应定期检查，如发现零部件有损坏，应及时修理或更换，同时还要保持接触器表面清洁。

5.5 电气火灾防护的检查

电气防火检查的目的是发现和消除电气火灾的隐患，超前控制电气火灾事故的发生，其本质是针对电气防火安全现状，以有关法规、规范、规定为依据进行实地校验，检查以

下主要内容:

5.5.1 电力输配和使用中的电气火灾隐患

如检查变压器、用电设备(电动机、照明灯具、电热器具等),开关保护装置、电线电缆等敷设方式、安装位置、耐火等级、防火间距、运行状况(超负荷、异常现象、故障史等)、绝缘老化情况、导线连接接触状况、保护装置完好状况等等。

5.5.2 电气防火工程是否完整有效

如检查消防电源系统的电源数量、电源种类、配电方式、电源切换点、配线耐火性能与措施;火灾应急照明与疏散指示标志的位置、照度、亮度、电源、装置耐火性;火灾自动报警装置与联动控制系统及消防控制室的功能,火灾探测器的种类、位置、数量、保护面积、信号传输方式、联动装置(消火栓水泵、防排烟装置、防火卷帘门等),火灾广播与通报系统。

5.5.3 古建筑的防雷

避雷针的安装位置、数量、保护范围、防雷装置完好程度。

5.5.4 其他

防火责任制的落实情况,各种防火规章制度建立情况,火灾隐患整改情况等。

第6章 应用先进技术 提高安全用电可靠性

6.1 提高电气线路装置工作通电利用率，降低电气火灾隐患

随着旅游事业的蓬勃发展，古典园林的古建筑厅堂内的用电装置也日益增多，供电线路的容量、用电时间的不确定性，使电气火灾存在了一定的隐患，特别是晚上只有如冰柜以及用于局部照明的场合不能停电，对于其他供电网络就不需要全部供电，不工作的电气线路装置应不予通电，工作的电气线路装置予以通电，对于整个区域供电网络的供电情况可用电气线路装置工作通电利用率 T 来表示：

$$T = \frac{G}{G_B + G} \times 100\%$$

式中 T——电气线路装置通电利用率（%）；

G_B——不工作应断电而未断电的电气线路装置数；

G——工作通电的电气线路装置数。

对于单支线路装置通电利用率 T_Z：

$$T_Z = \frac{G_Z}{G_{BZ} + G_Z} \times 100\%$$

式中 T_Z—— 单支线路装置通电利用率（%）；

G_Z—— 支线工作通电的时间（h）；

G_{BZ}—— 支线不工作而没有断电的时间（h）。

电气线路装置工作通用利用率，可以反映出用电安全的合理性。

如果带负荷工作的线路出故障，电气使用人员一目了然，马上就会采取切断电源的措施，然后可通知检修人员检查线路、设备，排除故障，消除隐患。

如果不带负荷工作的线路不停电，由于导线间绝缘层老化或磨损而造成短路产生火花，往往值班人员要等到酿成火灾才会觉察，这样为时已晚。

所以提高电气线路装置工作通电利用率，可以降低电气火灾的隐患。并且有利于找出由于其他因素而诱发的火灾原因，真正找出造成火灾的原凶。

6.2 用数控技术管理用电网络系统

提高电气线路装置通电利用率，也就是需要用电的设施线路予以通电，暂不用电设施、线路不予通电，其分隔处以配电箱中保护断路器为界，各主、支线通过地埋或明敷的管线或电缆分路配至各用电点，组成供电系统网络，如图6-1所示。

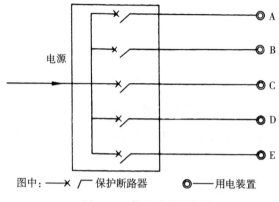

图 6-1 供电系统网络图

对于供电系统网络如在网络中引入数控器，我们就可以用数控技术来管理网络，其模拟示图如图 6-2 所示：

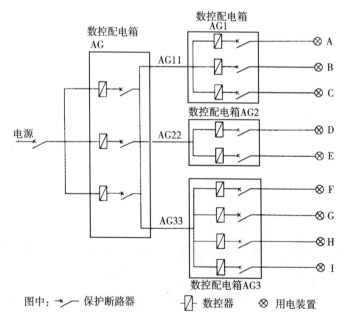

图 6-2 数控用电网络模拟示图

对于上图分别设：A、B……I 各支路线，带负荷工作电路接通状态为"1"，若不带负荷工作电路不接通状态为"0"，根据逻辑电路的原理，AG11、AG22、AG33 干线与 A、B……I 支线之间的逻辑关系式为：

AG11 = A + B + C

AG22 = D + E

AG33 = F + G + H + I

式中　AG11、AG22、AG33——分别为主干线；

　　　A、B、C、D、E、F、G、H、I——为各支路线。

在 AG11 主干线中，只要 A、B、C 支线中，其中任一支线工作，AG11 主干线通过数控器保持送电状态，若 A、B、C 支线均不工作，AG11 主干线通过数控器就断电，同理 AG22、AG33 主干线也是如此，这一功能的实现，均由数控技术来保证。

6.3　智能化用电网络管理系统

随着自动控制技术、计算机技术、通信技术的高速发展，根据建筑不同的功能需求，智能化手段在建筑领域开始逐步应用。同样，古典园林也可以使区域网络用电管理智能化，具体内容包括：

（1）控制各分路用电设施通电与否。

（2）监视各分路的安全性能（导线温度、接触电阻、负荷大小等）。

（3）记录并储存线路的用电负荷及故障情况。

(4) 对照明设备联动控制。

(5) 对用电设备遥控化和异地远程控制调节。

(6) 红外防盗报警。

(7) 消防烟感报警。

(8) 电子导游跟踪控制。

(9) 背景音乐控制。

以上各种参数均通过 L 控制线、L 信号线传输给智能采集器、控制器至管理中心的电脑（见智能化用电网络管理示意图 6-3），根据不同需要选择跟踪显示参数、打印参数或控制调节各用电设备的运行状态。

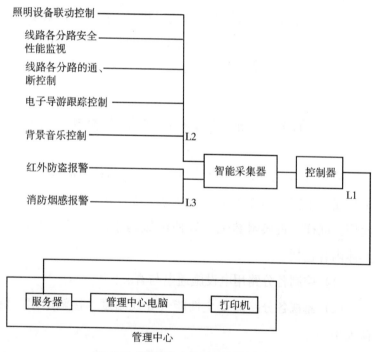

图 6-3　智能化用电网络管理示意图

后　　记

崔晋余

《古建筑工艺系列丛书》成书了，这是一件值得庆贺的事。

这套丛书，是在苏州民族建筑学会的策划和主持下，组织专业技术人员编写而成的。此前，学会曾组织有关专家、教授、学者编写并出版了有关苏州的古城门、古塔、古桥、古亭、园林等系列丛书，受到广大读者的好评。继而组织编写的《古建筑工艺系列丛书》，则是从工艺技术的角度，总结古建筑诸多方面的工艺技术，并从传授实用技能入手，对古建筑的木工、瓦工、假山、砖细和砖雕、电气装置及古建筑防火诸多方面，给予深入浅出的介绍，目的是为广大古建工程技术人员和操作工人，提供切实可行的理论依据和实践操作指导。参加这套丛书编写的人员，大都是具有非常丰富的实践经验，又有一定理论基础，工作在古建筑第一线的名师、技师、大师和工程师等。也可以这么说，这套丛书是他们数十年实践经验的概括和总结，并具有一定的普遍意义。倘若丛书能成为古建筑操作人员的良师益友，那这套丛书编写和出版的目的也就达到了。

苏州古建筑在中国建筑史上占有重要的地位，明代建造北京天安门和十三陵中裕陵的"蒯鲁班"蒯祥，是苏州"香山帮"的鼻祖。而"香山帮"工匠的足迹，又踏遍了长城内外、大江南北，并远渡重洋，把中国的园林建筑传播到美国、加拿大、法国、德国、日本、新加坡……。从某种意义上讲，苏州古建筑是江南古建筑的代表作。著名古建筑专家陈从周说："江南园林甲天下，苏州园林甲江南。"著名古建园林专家罗哲文则认为苏州古建园林是"巧夺天工公输艺，园林古建冠中华"。因此，我们可以说苏州古建筑的工艺是江南古建筑工艺的代表作。

这套丛书在编写过程中，得到各界人士和中国建筑工业出版社的大力支持，著名古建园林文物专家罗哲文先生百忙中为本书撰写了序言，在此一并表示感谢。

由于编写时间匆忙，错误之处在所难免，敬请广大读者批评指正。